# 隐私

## 推进数据“可用不可见”的关键技术

闫树　袁博　吕艾临 / 等著

電子工業出版社
Publishing House of Electronics Industry
北京•BEIJING

## 内 容 简 介

本书针对我国数据要素市场建设过程中数据流通难的问题，详细阐述了隐私计算这一系列数据流通技术的发展情况。隐私计算是指在保证原始数据安全隐私性的同时，实现对数据的计算和分析的一类技术。本书内容源自中国信息通信研究院云计算与大数据研究所相关产业实践经验，介绍了隐私计算的概念、发展历程、技术原理、主要算法、应用场景、产业发展情况、法律合规情况等，并分析了相关问题和趋势。

本书适合数据流通、数据安全相关从业者阅读，也适合对隐私计算感兴趣的学术、产业各界人士阅读。



**图书在版编目（CIP）数据**

隐私计算：推进数据“可用不可见”的关键技术 / 闫树等著. —北京：电子工业出版社，2022.3

ISBN 978-7-121-42995-8

Ⅰ. ①隐… Ⅱ. ①闫… Ⅲ. ①计算机网络－网络安全 Ⅳ. ①TP393.08

中国版本图书馆 CIP 数据核字（2022）第 030711 号

责任编辑：孙学瑛
印　　刷：三河市龙林印务有限公司
装　　订：三河市龙林印务有限公司
出版发行：电子工业出版社
　　　　　北京市海淀区万寿路 173 信箱　　　邮编：100036
开　　本：720×1000　1/16　印张：14.25　字数：185 千字
版　　次：2022 年 3 月第 1 版
印　　次：2022 年 3 月第 1 次印刷
定　　价：105.00 元

凡所购买电子工业出版社图书有缺损问题，请向购买书店调换。若书店售缺，请与本社发行部联系，联系及邮购电话：（010）88254888，88258888。

质量投诉请发邮件至 zlts@phei.com.cn，盗版侵权举报请发邮件至 dbqq@phei.com.cn。

本书咨询联系方式：（010）51260888-819，faq@phei.com.cn。

# 推荐序

这是一个人人都在谈“大数据”的时代。然而，相信凡是在工作中和数据稍有关联的人，都会听到“数据孤岛”这样的说法。不同的数据拥有方，彼此的数据互不连通，形成了一座座“数据孤岛”。岛屿群间相互割裂，彼此孤立。然而，我们都知道，数据只有流通融合才能充分释放价值。例如，普惠金融需要更多的数据来完善建模，有效发放贷款，广告营销往往也需要跨行业的数据来提升精准度。然而，数据一旦交给别人就面临着失控的风险，数据流通的各方也很难彼此相互信任。

目前我国数据要素市场化配置尚处于起步阶段，甚至可以说，数据流通在某种层面还处于“男耕女织”的阶段。特别是在数据确权、开放共享、自由流动和数据安全等方面还存在很多阻碍：一是数据权属的界定仍不明确，在相关立法尚未健全的当下，行业内的实践中未能形成具有共识性或参考性的权属分割规则，产权争议、无法监管的风险经常令供需双方望而却步；二是频发的数据安全和个人隐私泄露事件加剧了社会对数据交易的不信任感，出于对国家安全、个人信息和商业秘密的保护，主体参与数据交易的主动性、积极性降低；三是确保流通过程的合法合规仍然较难把握。

那么，这两年越来越火热的隐私计算技术是干什么的呢？它如何解决此类数据流通面临的困境呢？本书从技术角度给出了答案。

简而言之，隐私计算是一种实现数据“可用不可见”的技术。通过这类技术，我可以在不把数据给你的同时，让你利用到我的数据价值（如数据先加密再密文计算）。当然，这样的技术相比直接计算，要耗费更多的计算资源，使用更复杂的算法和协议，消耗更多的网络带宽。这也就是为什么虽然多方安全计算早在 20 世纪 80 年代就被提出来了，但直到现在才“重焕新生”——当时隐私计算比通常的计算慢数百万倍，使得其在当时的条件下只具有理论意义。而最近几年，随着计算能力的增强（算得越来越快）、算法协议的优化（计算速度从慢百万倍降低到慢几百倍）和计算成本的降低（多计算一些也花不了多少钱），人们忽然发现，隐私计算可以用了，至少在一些对时间延迟要求不那么敏感或数据量不是很大的环境下。

那么作为“新生技术”的隐私计算到底用哪里，效果如何，能多大程度提升合规性，以及还面临哪些挑战呢？这些人们普遍关心的问题，也是本书致力解答的。近来数据安全相关法律法规相继出台实施，人们关于数据安全流通的意识不断提升，隐私计算加速发展。初创企业、互联网企业、大数据企业、区块链企业、运营商、银行纷纷入局，在金融风控、电子政务、智慧医疗、互联网营销等领域，越来越多的隐私计算落地应用开展起来。但同时，我们也要看到隐私计算仍然面临着跨平台互联互通困难、大规模可用性不足、安全分级分类规范缺乏、市场发展不平衡不充分、法律适配性尚无定论等问题的挑战，值得关注和持续深入研究。

2020 年，为促进数据要素依法有序自由流动，推进隐私计算技术与实体经济深度融合，提升隐私计算行业认知，中国信息通信研究院牵头成立了隐私计算联盟，成员包括政府单位、运营商、金融机构、技术厂商等在内的 90 余家企事业单位。

联盟旨在以国家政策法规为导向，以切实服务市场需求为趋势，搭建政产学研合作交流平台，积极培育市场，释放数据价值，提升中国隐私计算的国际影响力和竞争力。一年来，联盟围绕隐私计算基础核心技术研究、行业应用落地、标准体系构建和隐私计算政策监管研究等多个方面，取得了诸多成果。可以说，这本书中的许多内容，就是作者们同隐私计算联盟的业内专家共同探讨形成的。

“可用不可见”的隐私计算技术和产业仍在快速发展，本书立足当下，介绍了现阶段隐私计算的火热现状，也展望了未来，为我们既要利用数据、又要保护数据提供了更多想象空间。

中国信息通信研究院　何宝宏

2021 年 12 月

# 作者序

时至今日，数据作为数字经济时代最为核心的生产要素，在社会生产、生活中的巨大价值已经不言而喻。2020 年 4 月，中共中央、国务院发布的《关于构建更加完善的要素市场化配置体制机制的意见》中，将数据同土地、劳动力、资本、技术等传统生产要素并列，作为一种新型生产要素参与分配。作为释放要素价值的关键环节，数据资源的开放共享、交换流通成为重要趋势，其需求日益强烈。

然而，随着近年来数据安全事件频发，数据安全威胁日益严峻。既要应用数据，又要保障安全，如何兼顾发展和安全，平衡效率和风险，在保障安全的前提下发挥数据价值，是当前面临的重要课题。以多方安全计算、联邦学习、可信执行环境等为代表的隐私计算技术为流通过程中数据的“可用不可见”提供了解决方案，有助于破解数据保护与利用之间的矛盾，已在金融、通信、互联网、医疗、政务等领域开始推广应用。

权威机构 Gartner 发布的 2021 年前沿科技战略趋势中，将隐私计算（其被称为隐私增强计算）列为未来几年科技发展的九大趋势之一。随着各领域关注度的日益提升，隐私计算已成为发展火热的新兴技术，以及商业和资本竞争的热门赛道。

然而，目前市面上隐私计算相关的图书还比较少，已有的图书也主要从密码学和机器学习的角度进行技术性的描述。中国信息通信研究院云计算与大数据研究所（以下简称中国通信院云大所）从 2017 年起就从事隐私计算技术和产业的研究，在隐私计算发展方面积累了一些思考，因此撰写了这本隐私计算科普读物，旨在帮助读者对隐私计算的技术、产业、应用、法律合规等内容加强了解。本书是一本入门级图书，面向具备一定大数据相关知识但不太了解隐私计算行业的读者，旨在帮助他们掌握隐私计算的基本情况。同时，本书还面向有意愿了解隐私计算应用的各行业人员，旨在帮助他们开阔视野和思路。相信对隐私计算领域感兴趣的读者阅读本书都能有所收获。本书在编写过程中，尽量回避了较为学术性的描述，希望通过通俗化的语言帮助读者对隐私计算行业有一个整体性、概括性的认识。

本书试图回答以下问题。

- 隐私计算概述：为什么会有隐私计算技术？它能发挥什么价值？它的发展历程如何？本书第 1 章将回答这些问题。
- 隐私计算的技术原理：隐私计算的技术体系是怎样的？各类隐私计算技术的方案架构和特点有哪些？每种隐私计算技术擅长解决的问题是什么？其成熟度和缺陷有哪些？技术融合与扩充的情况如何？本书第 2 章将回答这些问题。
- 隐私计算的算法应用：如何通过上述隐私计算技术进行联合查询、联合统计、联合建模、联合预测？本书第 3 章将回答这个问题。
- 隐私计算的应用场景：隐私计算常用的应用场景有哪些？在每个场景里，隐私计算解决了什么痛点、如何应用？本书第 4 章将回答这些问题。

- 隐私计算的产业现状：隐私计算的政策环境如何？国内外隐私计算主要有哪些企业？隐私计算行业的商业模式、论文情况、专利情况、技术开源情况、标准建设情况如何？本书第 5 章将回答这些问题。

- 隐私计算的法律合规问题：从法律视角看，隐私计算解决了哪些数据流通的合规性问题？应用隐私计算的过程中会面临哪些合规性风险？如何解决这些风险？本书第 6 章将回答这些问题。

- 隐私计算面临的问题、挑战与展望：隐私计算的发展面临哪些问题和挑战？这些问题该如何改善？隐私计算还有哪些发展趋势？本书第 7 章和第 8 章将回答这些问题。

本书的观点和思考主要来源于中国信通院云大所依托隐私计算联盟开展的工作。2020 年年底，在工业和信息化部网络安全管理局的指导下，中国信通院云大所牵头成立隐私计算联盟，目前成员包括运营商、金融机构、政府单位、技术厂商等在内的 80 多家单位。中国信通院云大所已逐步构建了隐私计算产品标准和评估体系，目前已发布关于多方安全计算、联邦学习、可信执行环境、区块链辅助的隐私计算等计算场景的功能标准和多方安全计算、联邦学习等性能标准。据此开展的“可信隐私计算”产品测评是目前行业认可度最高的测评之一。截至 2021 年 7 月，其已开展 4 批隐私计算测试，共完成对 59 款产品功能和性能的评测。当前，隐私计算安全测试标准及互联互通标准正在持续推动中。

本书在编写过程中得到了中国信通院云大所何宝宏所长、王蕴韬总工程师及姜春宇、贾轩、杨靖世、白玉真、侯宁、李雪妮、刘雪花、王妙琼、马鹏玮、张奕卉、吴因佥、李雨霏、王卓、田稼丰、秦书锴、贾真、张德民、王月等同事的大力支持。

北京邮电大学的刘嘉夕、靳震、叶锦梅同学为本书做出了很大贡献。隐私计算联盟的中国工商银行软件开发中心、腾讯云计算（北京）有限责任公司、联通数字科技有限公司、北京数牍科技有限公司、北京百度网讯科技有限公司、北京冲量在线科技有限公司、深圳华大生命科学研究院、上海富数科技有限公司、翼健（上海）信息科技有限公司、杭州锘崴信息科技有限公司、蚂蚁科技集团股份有限公司等企业的专家对本书提出了建议，或提供了相关案例，在此一并向他们表示衷心的感谢。

由于作者水平有限，书中不足之处在所难免。此外，由于隐私计算技术方兴未艾，新观点、新算法层出不穷，本书难免有所遗漏，敬请专家和读者批评指正。

道阻且长，行则将至；行而不辍，未来可期。面对这个日新月异、快速发展的行业，我们期待与业界共同守正创新，推动隐私计算行业健康发展，让隐私计算在数据要素市场建设和数据流通过程中发挥更大的价值！

全体作者<br>2021 年 10 月

# 目　录

# 第1章　隐私计算概述

当前，数据已成了比肩石油的基础性关键战略资源，正在颠覆全球社会的发展模式。囿于数据的法律属性、产权规则、交易制度等在理论和立法层面长期未能清晰界定，规范有效的数据流通市场始终未能真正形成，数据要素的社会经济价值仍存在巨大的挖掘提升空间。作为一种全新的生产要素类型，数据无论是在产权界定还是交易规则方面都与土地、资本、劳动、技术等传统生产要素存在本质区别，数据要素的交易流通也必然存在其自身的特殊性。

然而，近年来数据安全事件频发，数据安全威胁日益严峻。既要应用数据，又要保护安全，如何兼顾发展和安全，平衡效率和风险，在保障安全的前提下发挥数据价值，是当前面临的重要课题。以多方安全计算、可信执行环境、联邦学习等为代表的隐私计算技术为流通过程中数据的“可用不可见”提供了解决方案，已在金融、医疗、政务等领域开始推广应用。隐私计算关注跨机构跨组织跨场景的大数据合作场景，在不泄露任何个人隐私数据的基础上，将各个领域数据结合起来，将新方法应用到老场景，比如风险控制、精准营销等。可以说，隐私计算是在实现保护数据拥有者的权益安全及个人隐私的前提下，实现数据的流通及数据价值的深度挖掘。

随着各领域关注度的日益提升，隐私计算已成为发展火热的新兴技术，成为商业和资本竞争的热门赛道。本章将对隐私计算的产生背景、主要概念、技术体系和发展历程进行简要的介绍。

## 1.1 背景：数据流通的困境

➢ **数据流通是发展数字经济的关键**

人类经历了农业革命、工业革命，正在经历信息革命。当今世界，新一轮科技革命和产业变革席卷全球，数据价值化加速推进，产业数字化应用潜能迸发释放，新业态新模式不断产生。可以说，人类历史正在快速进入数字经济时代。

数字经济时代的特点之一便是将数据视作关键的生产要素。时至今日，数据作为数字经济时代最为核心的生产要素，在社会生产、生活中体现的巨大价值已经不言而喻。随着数据收集、存储和处理成本的大幅下降和计算能力的大幅提升，全球数据以“井喷式”的速度生产，数据的分析和处理越来越“平民化”，无论是政府还是企业，对于数据的需求都越来越强烈。存储于某个系统中完成业务目标的存量数据可能成为其他外部信息系统所需的数据资源，并且数据资源的价值可以在流通后再次得到应用，从而产生更多的应用价值。这些对于数据的需求，就诞生了数据流通的概念。

数据流通使数据脱离了原有使用场景，变更了使用目的，从数据产生端转移至其他数据应用端，优化了资源配置，成为释放数据价值的重要环节。数据要素价值的充分发挥在于其有效的流通共享，亦已成了人们的共识。早在 2015 年 10 月召开的十八届五中全会上，“实施国家大数据战略，推进数据资源开放共享”便被正式提出。2020 年以来，国家加速培育数据要素市场并密集出台多项政策和立法，核心都着眼于数据更加高效、安全地流通和开放。从数据生产要素的内涵出发，当前时代下大规模、快速产生的数据只有经过整合加工、提升质量才能成为具有价值的数据资源；而只有经过“流通”使数据资源参与到社会经营活动中产生经济效益，才能真正释放数据作为生产要素的市场价值。因此，作为数据要素的本质要求和前提条件，数据流通对于培育数据要素市场至关重要，也是发展数字经济、抢占国际竞争先机的关键需求。数据流通释放数据价值的过程如图 1-1 所示。

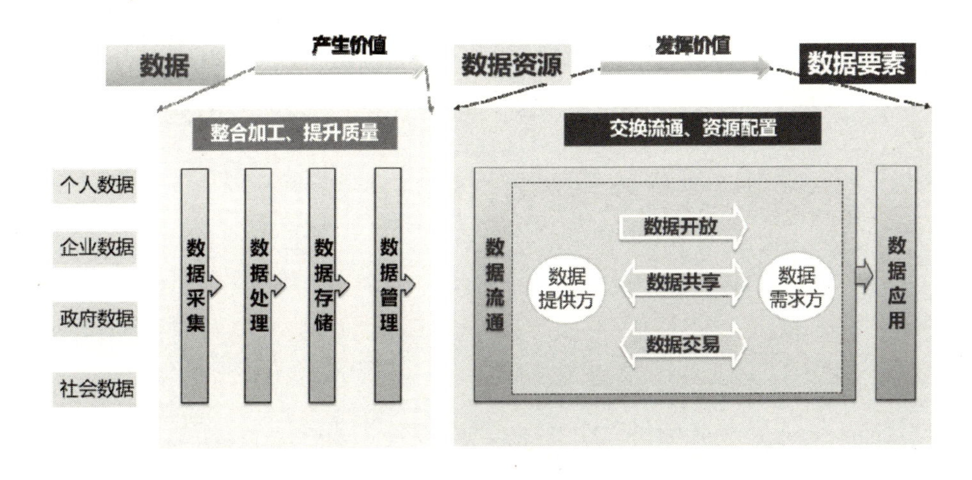


图 1-1　数据流通释放数据价值的过程

## ➢ 数据流通需求强烈但也困境重重

数据流通的方式主要有数据共享、数据开放、数据交易等。相对于政府间的数据共享和政府面向社会的数据开放，组织间（包含政府与企业间）的数据交易有着更为广阔的市场。事实上，这一广阔的市场早已为产业所重视。

数据交易市场需求强烈、规模可观，数据交易所应运而生。例如，金融机构中商业银行对于数据应用的采购在全部采购中占比超过 85%，每年数据采购交易金额超过百亿元。但是已有的大规模数据交易均是在供需方之间以点对点方式进行的，交易过程非公开、不透明，整体缺乏规范性。作为推进数据要素市场化的刚需环节，亟待规范化、标准化的市场主体及交易场所发展数据交易，数据交易所应运而生。

我国的数据交易产业起步于 2014 年，随着我国大数据元年的到来一同开启，各地政府积极支持。2014—2016 年，国内大数据交易所呈井喷态势，各地开花，不到三年的时间里先后成立了 15 家大数据交易所（中心、平台）。但几年时间过去，各家交易所的运营情况大多不尽如人意，数据交易的成交量远低于预期设想，甚至很多已经陷入搁置、停运状态，数据交易产业仍处在小规模探索阶段。国内大数据交易市场建设历程如图 1-2 所示。

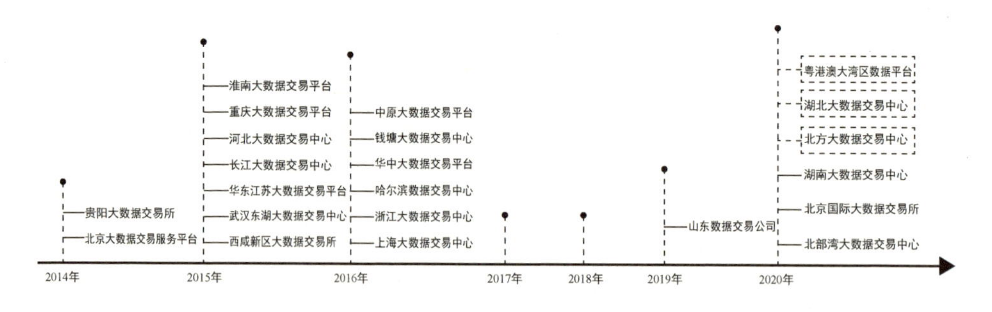


图 1-2　国内大数据交易市场建设历程

从业务模式看，各交易所最初的业务设想包含了交易撮合、交付结算、确权估值、数据资产管理和金融服务等一系列服务，但最终只有交易撮合业务得到初步落地。甚至，有的交易所已不再从事数据交易服务，而完全转变为大数据分析或标注的技术提供商。从经营业绩看，各交易所的数据成交量整体较为惨淡。从运营方式看，仍在运营的交易所重要收入均来源于承接的政府项目，市场化水平和竞争能力都较低。

究其原因，主要在于数据交易所的定位和模式未明、数据交易配套的法律痼疾未祛。一方面，各交易所建设时的定位相似、功能重复，在缺少核心竞争优势的同时，服务模式、定价标准等交易规则体系参差混乱，难以培养数据供需双方对交易所的平台依赖，只能沦为小规模数据交易的撮合者。另一方面，数据权属的界定仍处于灰色地带，在相关立法尚未健全的当下，行业内的实践中未能形成具有共识性或参考性的权属分割规则，产权争议、无法监管的风险令供需双方望而却步。除此之外，频发的数据安全和个人隐私泄露事件加剧了社会对数据交易的不信任感，出于对国家安全、个人信息和商业秘密的保护，主体参与数据交易的主动性、积极性因此降低，成为数据交易所发展的又一大障碍。

在规模化的数据交易市场尚未形成的当下，机构间旺盛的数据流通需求，大多通过分散、无序、一对一的交易或共享来满足，市场规则难以统一，缺乏规范可信的产业环境，为数据在机构间的市场化流通带来不小挑战。

在众多困境之中，各类数据流通活动如何确保流通过程的安全合法是产业发展中遇到的一大难点，也是各类数据流通参与主体最为关心的话题。现有法律法规的约束使得各类主体在进行数据流通中存在着诸多不确定因素和法律风险。如不当收集、使用或滥用个人信息，有可能被利用以实施各种犯罪，流通过程中的数据监听、截获隐患，超出初始收集目的和业务范畴的再使用，包括提供给合同之外的第三方的使用（即流通）等，都会危害到公民的人身和财产利益。同时，流通中的数据资源也需考虑可流通范围、流通对象合法性、流通过程的安全保障、使用授权等一系列安全与合规问题。

安全合规的监管红线未明，再加上数据流通在数据质量、数据定价、数据权属等方面的市场机制的缺失，使得不同的企业或者机构之间没有动力或者根本无法实现数据的流通。这种“数据孤岛”现象导致现代商业数据无法合规流通，制约了数据经济的可持续发展。例如，医疗机构存储了大量的病患记录，但由于政府规定，病患记录不允许售卖给第三方，而这些数据对于药厂来说拥有极大的价值；另外，跨国企业在不同的国家都拥有执行办公室，但即使是同一家企业，由于不同国家的数据监管政策不同，企业内部的数据仍无法实现跨境传输。因此，虽然需求强烈，但是流通仍然困难重重。

### ➢ 技术手段为数据流通提供新方案

为解决数据流通面临的诸多障碍，政府部门和大数据行业从业者进行了艰辛的探索。例如，从 2015 年开始，从国家到地方层面出台了多项旨在推进政府数据共享和数据流通的政策文件。这在很大程度上促进了政府数据共享开放，但对于企业间广泛的数据流通仍然未能解决其主要瓶颈。于是，大数据从业者们更多地将目光转向了技术手段。

其实，推动数据流通的技术主要需要解决个人信息保护、权益分配、数据安全保障、追溯审计等诸多问题。而其中较为核心的就是数据安全与个人信息保护。可以说，数据安全和隐私保护是数据流通的前提，特别是个人信息保护。《中华人民共和国网络安全法》规定："未经被收集者同意，不得向他人提供个人信息。但是，经过处理无法识别特定个人且不能复原的除外"。因此，如何同时保证信息完整不缺失和保护被收集者个人信息成为数据流通中的迫切需求。从技术功能上看，需要满足以下几个方面的需求。

（1）对数据标识加密。利用加密算法将可识别个人身份的标识信息转换成不能识别身份的密文信息，且需要满足相同数据标识在不同数据持有方中被转换的结果不同，用于确保个人信息在流通中得到保护。

（2）加密后的数据标识可进行关联，需要实现不同参与方系统中的被加密标识可通过第三方转译进行再次关联，用于保证流通关联性。

（3）个人信息被流通前的有效授权，需要确保只在被收集者授权情况下才可启动数据流通，并确保个人数据只在授权范围内合法使用。

显然，没有一项技术可以同时解决数据流通的所有障碍。许多技术都是在某些环节以某种方式解决了数据流通过程中的某个问题。目前主要的技术手段包括以下几类。

（1）基于数据脱敏的技术

通过对数据进行脱敏后，发布低精度的敏感数据或者彻底不发布敏感数据实现隐私保护。当前对该技术的研究主要集中于数据匿名化方面，即有选择地发布敏感数据并将数据泄露的风险控制在较低的水平。然而，无论如何脱敏，必然使数据在某些维度方面产生了缺失，从而严重降低了数据的使用价值。

（2）基于数据失真的技术

有些时候企业对于数据的利用是统计意义上的，不一定需要每个个体的数据都保持精确。基于数据失真的技术就是在保证某些数据属性不被改变的情况下使敏感数据失真从而达到数据保护的目的。数据失真技术通过对原始数据进行随机化、交换、凝聚等扰动措施，使处理后的数据失去重构性，但能保证某些有用性质不变，以便进行数据挖掘等操作，从而实现信息保护。

（3）基于数据加密的技术

倘若有一种方法，能将数据进行加密，但加密后的数据仍然可以进行计算分析，那就在一定程度上避免了原始数据直接传输的风险。也就是说，基于数据加密的技术通过对数据进行加密，保证加密后仍然可用这一宗旨来实现数据保护。实现这一手段的技术方法就包括了多方安全计算、同态加密等隐私计算技术。这也就是本书讨论的主要内容——隐私计算。

可以将上述技术方式进行简要对比，如表 1-1 所示。

**表 1-1　兼顾隐私保护和数据利用的技术方式对比**

| 技术类型 | 典型技术 | 优点 | 缺点 |
| --- | --- | --- | --- |
| 基于数据脱敏的技术 | 数据脱敏、数据匿名化 | 原理简单、保护效果好 | 丧失大量数据价值 |
| 基于数据失真的技术 | 数据随机化、数据扰动、差分隐私 | 实现简单、保留一定数据特性 | 对算法和操作有较大依赖 |
| 基于数据加密的技术 | 多方安全计算、同态加密 | 数据无缺损 | 计算性能降低 |

当然，除了上面这些技术，还有很多技术也能在数据流通的各环节提供技术保障。比如区块链技术，可以不可篡改地进行授权信息的存证，对确保数据交易各环节的授权信息存储和验证可以提供重要的技术保障。正如前面提到的，没有哪项技术可以同时解决所有问题，技术之类的融合应用也成了缓解数据流通障碍的热点趋势之一，比如隐私计算与区块链的结合，关于这个话题我们将在后续的章节中进行讨论。

## 1.2　隐私计算的兴起

从上一节表 1-1 的对比中可以看到，以多方安全计算、同态加密等为代表的技术，可以在数据无缺损的状态下实现数据保护与利用的兼顾，虽然在一定程度上要牺牲部分计算性能，但可以换取数据价值的完整不受损，以一种“数据可用不可见”的方式有效地降低了机构间参与数据流通时对于安全合规的顾虑，这也就是隐私计算开始受到关注的最主要原因。

随着产业界的关注逐渐增多，隐私计算相关的学术会议和论文在近几年呈现爆发式增长，相关研究从技术原理逐步转向应用实践。在算法协议不断优化、硬件性能逐步增强之下，隐私计算的可用性大大提升，越来越多的技术厂商开始隐私计算的研发和产品化，金融风控、互联网营销、医疗诊治、智慧城市等越来越多的场景落地应用。目前，隐私计算已成为数据流通领域内最受关注的技术热点。

2020 年 10 月，全球最具权威的 IT 研究与顾问咨询公司 Gartner 发布的 2021 年前沿战略科技趋势中将隐私计算（其称隐私增强计算）与行为互联网、分布式云、超级自动化等并列为最前沿的九大趋势，并预测到 2025 年全球将有一半以上的大型企业将引入隐私计算。Gartner 的这份报告不仅表明了 IT 产业对隐私计算技术的肯定和重视，更是为隐私计算打造了一个全球范围内推广的重要舞台。

## ➢ 什么是隐私计算

作为发展尚处早期的新兴技术，隐私计算刚刚从极小众的圈子跳出并走进大众视野，而因其技术流派的多样与复杂，隐私计算的命名也并未得到完全统一。除隐私计算外，Gartner 用的是“隐私增强计算”，国内部分研究机构和企业也分别提出“隐私安全计算”“隐私保护计算”等名称，但其内含和范围殊途同归。目前国内产业界对“隐私计算”这一用法还是最为普遍认可的。

如上文提到，隐私计算技术是为了解决数据流通过程中的一些问题、确保数据“可用不可见”的一系列技术。因此，所谓“隐私计算”技术其实并不是一个特定技术，而是为了实现某些功能的一组技术的统称。从目的角度讲，隐私计算指借助多方安全计算、同态加密、零知识证明、差分隐私和可信执行环境等为代表的现代密码学和信息安全技术，在保证原始数据安全隐私性的同时，实现对数据的计算和分析的一类技术。从技术原理讲，隐私计算并不能简单归属于某一个学科领域，而是一套包含人工智能、密码学、数据科学等众多领域交叉融合的跨学科技术体系。隐私计算能够保证在满足数据隐私安全的基础上，实现数据价值的流通。

从学术定义角度来看，John J. Borking 等学者在 2001 年就提出隐私计算（其称之为隐私增强技术）的概念。文章将隐私计算定义为融合多种信息通信技术的关联系统，该系统在保证不丧失原有功能的情况下，通过消除或减少个人数据直接流通、避免对个人数据进行非不必要或非意愿处理来保护隐私。

2002 年，经济合作与发展组织（OECD）在《隐私增强技术研究报告》中指出，“隐私增强技术通常是指有助于保护个人隐私的各种技术。从提供匿名的工具到允许用户选择是否、何时以及在何种情况下披露个人信息的工具，隐私增强技术的使用有助于用户就隐私保护做出明智的选择。”

2015 年，欧盟网络和信息安全局为提高隐私计算的灵活性和适应性，对隐私计算提出更广泛的定义，即隐私计算是指支持隐私或数据保护功能的技术集合。

2016 年，李凤华等学者在国内首次提出了较完善的“隐私计算”学术定义——隐私计算是面向隐私信息全生命周期的计算理论和方法，是在隐私信息的所有权、管理权和使用权分离的前提下面向隐私度量、隐私泄露代价、隐私保护与隐私分析复杂性的可计算模型与公理化系统。具体是指在处理视频、音频、图像、图形、文字、数值、泛在网络行为性信息流等信息时，对所涉及的隐私信息进行描述、度量、评价和融合等操作，形成一套符号化、公式化且具有量化评价标准的隐私计算理论、算法及应用技术，支持多系统融合的隐私信息保护。隐私计算涵盖了信息搜集者、发布者和使用者在信息产生、感知、发布、传播、存储、处理、使用、销毁等全生命周期过程的所有计算操作，并包含支持海量用户、高并发、高效能隐私保护的系统设计理论与架构。

这一概念并不容易理解，是一个更为广泛的学术定义。其涉及隐私信息的全生命周期，如图 1-3 所示。

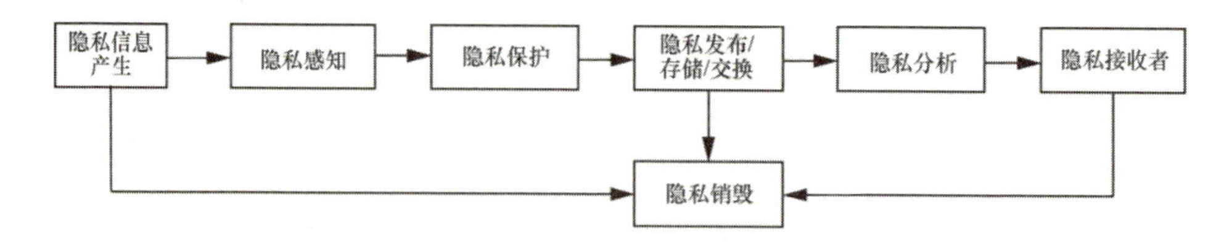


图 1-3　隐私数据的全生命周期

如果抛开上述学术定义，聚焦到对于隐私信息的处理与分析层面，那么可以给出更为简略的隐私计算概念。隐私计算是指在保护数据本身不对外泄露的前提下，实现数据分析计算的一类技术集合，主要分为可信硬件和密码学两大领域，包含多个代表性技术。

## ➢ 隐私计算的体系视图

作为一类技术的集合，隐私计算的概念和定义尚未统一，对其技术体系的划分自然也就有多种解读。提到隐私计算的技术体系，有人会马上想到多方安全计算、联邦学习、可信执行环境，但也有人会强调不能忘记零知识证明、差分隐私等。出于其技术方向的不同，各家技术厂商对于不同技术间关系的解读总有各自的倾向。

Gartner 在其定义的“隐私增强计算技术”中，结合数据融合应用的过程对相关技术进行了分类列举，如图 1-4 所示：可信执行环境和可信第三方在数据源端的输入环节保护数据的不可见；差分隐私、同态加密、多方安全计算、零知识证明和隐私集合求交、隐私信息检索在数据交互前进行变换处理；联合机器学习及隐私感知机器学习（即联邦学习）则把数据分析处理的融合方式由集中式转化为分布式，以分散风险。

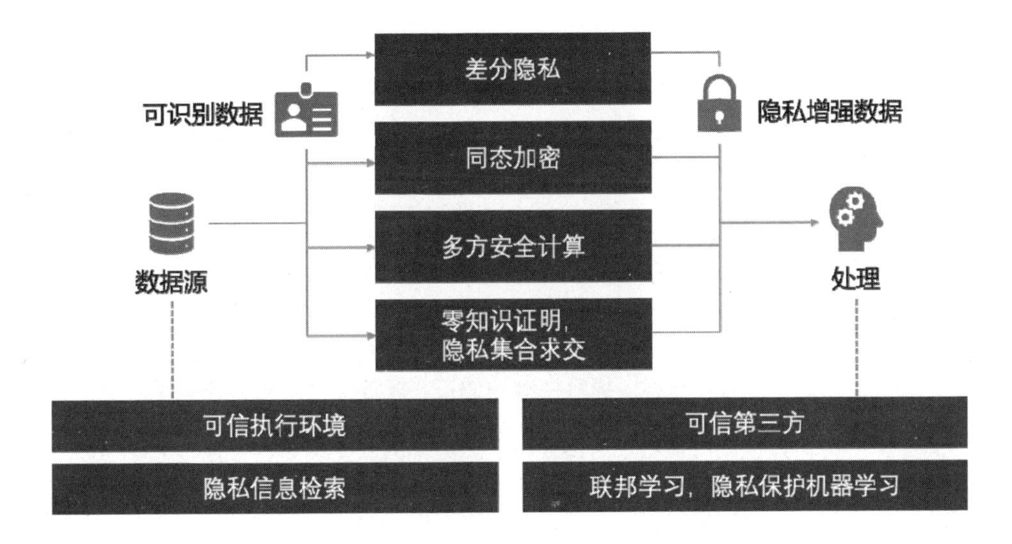


图 1-4　Gartner “隐私增强计算技术”体系

我们可以认同 Gartner 三类划分的思路，但其给出的技术体系视图是结合数据流转的生命周期进行划分的，如果根据“流程”或“环节”来对技术进行划分，某种意义上总有割裂、独立的错觉，但每个隐私计算的技术方案都是完整的，在实践中也并没有对照着环节或流程去分拆应用。

于是，我们尝试直接根据各类技术的原理给出直观分类，或许是一种更适合的解读方式。

隐私计算的实现就是增强多方数据在联合分析计算过程中的隐私保护，目前主要有以下三类技术路线。

（1）以多方安全计算（Secure Muti-party Computation，简称 MPC）为代表的基于密码学的隐私计算技术。这类技术的核心思想是设计特殊的加密算法和协议，基于密码学原理实现在无可信第三方的情况下，在多个参与方输入的加密数据之上直接进行计算。多方安全计算的实现包含多个关键的底层密码学协议或框架，主要有不经意传输（oblivious transfer）、混淆电路（garbled circuit）、秘密分享（secret sharing）等。

（2）以联邦学习（Federated Learning，简称 FL）为代表的人工智能与隐私保护融合衍生的技术。从最初的概念定义上看，联邦学习就是一类分布式的机器学习，以“数据不动模型动”的思想，本地原始数据不出域，仅交互各参与方本地计算的中间因子，以此实现联合建模，提升模型的效果。但直接交互明文的中间因子也有泄露和反推原始数据的可能性，为提升对数据隐私的安全保护，现有的实现方案大多是在经典联邦学习的基础上结合多方安全计算、同态加密、差分隐私等密码学技术，对交互的中间因子进行加密保护或是结合可信执行环境，实现基于可信硬件的中间因子安全交互的，因此我们将联邦学习列为衍生一类。

（3）以可信执行环境（Trusted Execution Environment，简称 TEE）为代表的基于可信硬件的隐私计算技术。这类技术的核心思想是隔离出一个可信的机密空间，通过芯片等硬件技术与上层软件协同对数据进行保护，同时保留与系统运行环境之间的算力共享。目前，可信执行环境的代表性硬件产品主要有 Intel 的 SGX、ARM 的 TrustZone 等，由此也诞生了很多基于以上产品的商业化实现方案，如百度 MesaTEE、华为 iTrustee 等。

除了上述关键技术，同态加密、零知识证明、差分隐私、区块链等技术也常应用或辅助于隐私计算。

不同技术往往组合使用，在保证原始数据安全和隐私性的同时，完成对数据的计算和分析任务。基于以上的思路，我们也给出一个隐私计算的体系视图，如图 1-5 所示。

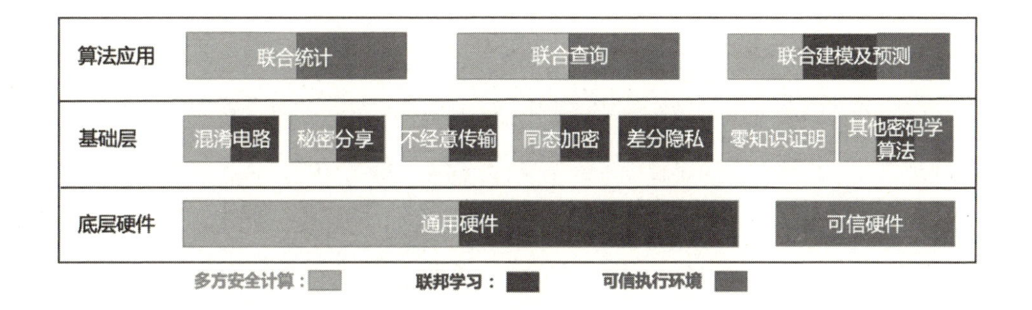


图 1-5　隐私计算技术体系视图

## 1.3　隐私计算的发展历程

隐私计算并不是凭空创造出的一项新技术，它是随着应用需求的演变，不断对已有技术进行打磨融合得到的一套跨学科技术集合。因此，隐私计算这个概念虽然诞生时间不长，但其相关技术理论的研究却有着相当长的一段历史。如前所述，隐私计算中的多方安全计算、同态加密、零知识证明都是基于密码学理论的关键技术，这些技术在 20 世纪八九十年代就已经提出。在这里，我们对相关的重要事件简要回顾，梳理一下隐私计算的发展历程。

### ➢　密码学理论的研究阶段

当代密码学起源于 1977 年，Ron Rivest，Adi Shamir 和 Leonard Adleman 发明了非对称式加密（又称公开密钥加密）RSA 算法。密码学通过数学理论将数据转化为密文状态，无私钥不能读取其内容，解决了不安全环境下隐私存储与通信的问题。

1978 年 Ron Rivest、Leonard Adleman 和 Michael L. Dertouzos 提出了同态加密问题，并在同年提出了满足乘法同态的 RSA 算法。在此之前，密码学研究关注的都是数据在存储和传输过程中的静态安全，而同态加密问题的提出将加密技术的研究从静态引向动态，是理论上的巨大革新，也开创了隐私机密计算的先河。

1982 年，华人图灵奖得主姚期智开创性地提出百万富翁问题，引入了多方安全计算的概念。姚期智在他的论文 *Protocols for Secure Computations* 中提出了百万富翁问题，即两个百万富翁在没有可信第三方、不透露自己的财产状况的情况下，如何比较谁更富有。这一问题后来也衍生为多方安全计算问题的起源：如何在一个互不信任的多用户系统中，各用户能通过网络协同完成计算任务，但又能保证各自数据的安全性？姚期智给出了一种解决方案：通过生成随机数，加上公开密钥与私有密钥的加密再进行比较，避免了实数域的有序性和加减的可逆性带来多余信息的暴露。

20 世纪 80 年代，加州理工学院研究员 Shafi Goldwasser、Silvio Micali 和 Charles Rackoff 提出了零知识证明的概念。零知识证明涉及两个参与方：证明者和验证者。它的目的是解决如下问题：证明者如何向验证者证明自己拥有某一特定的数据，但证明过程不能透露任何有关该数据的信息。在零知识证明被首次提出以后，由于其算法本身的开创性与新颖性，自 1989 年以后的 20 余年里许多学者不断地为此领域添砖加瓦。

Goldreich 在 1987 年提出了一种可以计算任意函数的安全的多方安全计算协议。之后在 1989 年，Beaver 等人研究了信息论安全模型下的安全多方科学计算问题，提出了可以实现信息论安全的、复杂程度为常数轮的多方安全算术运算协议。

Cramer 等人基于 ElGamal 门限加密技术和零知识证明提出了首个多选一电子投票方案，之后 Damgard 等人基于 Pailier 同态加密技术提出了多选多的电子投票方案。

经过学界的不断研究和发展，以同态计算、多方安全计算和零知识证明为代表的理论进一步为隐私计算奠定了坚实的基础，但是这些算法所需资源巨大，在实践中并不可行，直到 2018 年左右，伴随着大数据技术的逐步成熟和大规模数据流通与应用需求的出现才陆续出现落地应用的实践案例。

除了以上经典密码学理论，2006 年，Cynthia Dwork、Frank McSherry、Kobbi Nissim 和 Adam Smith 四位科学家给出了差分隐私的定义，并通过其数学定义来严谨地分析隐私涉及的相关概念。差分隐私很快被证明是个强有效的工具，并被谷歌、苹果、微软、阿里巴巴等各大机构使用。而四位发明者也于 2017 年获得了被誉为理论计算机科学界诺贝尔奖的 Godel 奖。

### ➢ 可信硬件的出现与应用

同样是在 2006 年，国际标准化组织 OMTP 工作组率先提出了一种双系统解决方案：即在同一个智能终端下，除了多媒体操作系统外再提供一个隔离的安全操作系统，这一运行在隔离的硬件之上的隔离安全操作系统用来专门处理敏感信息以保证信息的安全。该方案即可信执行环境的前身。可信执行环境所能访问的软硬件资源是与外部操作系统分离的，在提供了授权安全软件的安全执行环境的同时，也保护资源和数据的保密性、完整性和访问权限。

随后 ARM 公司于 2006 年提出了一种硬件虚拟化技术 TrustZone 及其相关的硬

件实现方案。智能卡方面的国际标准化组织 GlobalPlatform 从 2011 年开始起草、制定相关的 TEE 规范标准，并联合一些公司共同开发基于 GP TEE 标准的可信操作系统。2013 年，Intel 推出 SGX 指令集扩展，通过一组新的指令集扩展与访问控制机制，实现不同程序间的隔离运行，保障用户关键代码和数据的机密性与完整性不受恶意软件的破坏。

### ➢ 联邦学习被正式提出

联邦学习这一术语由谷歌科学家 McMahan 等人在 2016 年首次提出。事实上，对于数据隐私保护的分布式机器学习的研究，早在 2013 年左右即有学者发表了相关成果，谷歌团队也是自 2014 年就开始了 To C 场景的相关研究，但直到 3 年后取得一定成果时才将其公开发表。也正是由谷歌提出的这一概念，才使得联邦学习在大数据与人工智能领域开始得到大量关注。概念提出之时，在大量通信带宽有限的不可靠设备上对不平衡和非独立同分布数据执行分割，被认为是联邦学习面临的核心挑战。

此后，微众银行等国内企业从金融行业实践出发，提出“联邦迁移学习”的解决方案，将迁移学习和联邦学习结合起来。目前在人工智能领域，各类开源的联邦学习框架如 FATE、TensorFlow Federated 持续涌现并趋于成熟。

经历了前期长时间的理论积累，隐私计算自 2018 年开始快速向实践落地发展，技术和产品成熟度迅速提升，国内外隐私计算产业化的步伐明显加快，互联网巨头、电信运营商和大数据公司纷纷布局，大批技术研发的初创企业相继涌现。如图 1-6 所示，2018 下半年到 2021 年上半年间国内发布的隐私计算产品数量持续快速增长，越来越多的技术提供者加入竞争赛道。在中国信息通信研究院“2020 大数据‘星河’案例”评选中，共有 25 个标杆和优秀的隐私计算应用案例入选，场景覆盖金融风控、保险评估、精准营销、医学病毒基因研究等多个领域，可以预见，未来几年将是技术产品加速迭代，应用场景快速升级，产业生态逐步成熟的重要阶段。

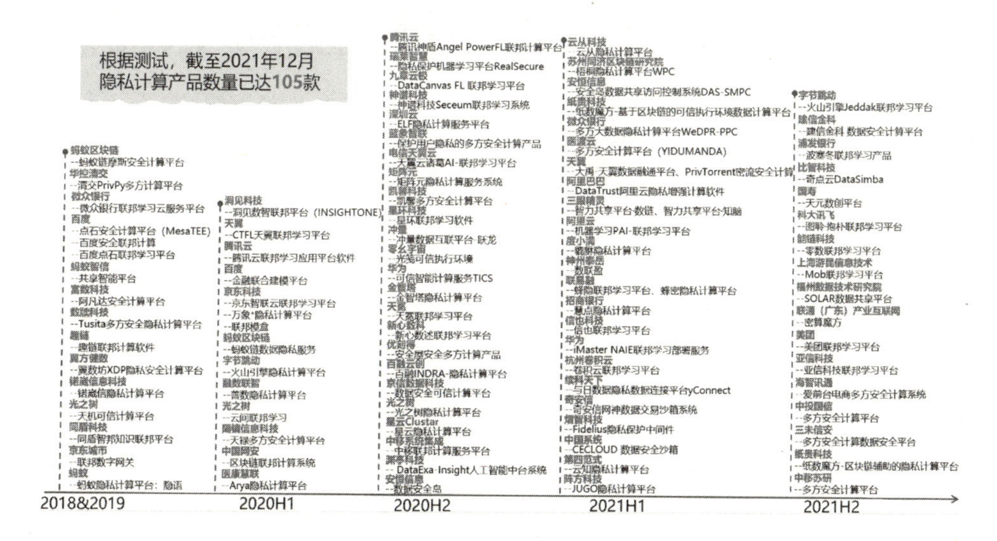


图 1-6　国内隐私计算产品数量增长迅速

本书接下来将会从技术、应用、产业、法律等维度对隐私计算的发展进行更加详细的介绍。

# 第 2 章　隐私计算的技术原理

在初识隐私计算这一概念的时候，最常听到的问题是“隐私计算是什么”。我们通常会像第 1 章里描述的一样回答：隐私计算是实现数据流通过程中“数据可用不可见”的一系列技术。

“数据可用不可见”已几乎成为隐私计算的代名词，但隐私计算究竟是怎样实现可用不可见的？可用的含义是什么？不可见的程度又如何？

想要提升市场对隐私计算的认知度，一定还会听到类似于此的更多细节问题。比如隐私计算为什么会有多种实现方案？各种实现方案的差异在哪，有哪些特性？

以上问题，我们将在本章中给出回答。

这一章我们将结合前文给出的隐私计算技术体系视图（见图 1-5），从密码学、融合衍生和可信硬件三类技术流派对隐私计算的各个代表性技术的实现方案进行更加细化的分析，回溯技术起源，对比技术特点。同时，也会简要梳理几个同隐私计算联系密切的技术内容，以期从原理层面给出隐私计算技术的全貌。

## 2.1 以多方安全计算为代表的密码学技术

➢ **多方安全计算的概念**

多方安全计算（Secure Muti-party Computation，简称 MPC）是隐私计算在密码学领域的最主流技术。其核心思想是设计特殊的加密算法和协议，基于密码学原理实现在无可信第三方的情况下，在多个参与方输入的加密数据之上直接进行计算。

➢ **多方安全计算的起源**

多方安全计算诞生于密码学领域中的一个学术讨论问题。

1982 年，图灵奖获得者、中国科学院院士姚期智教授提出了著名的百万富翁问题：两个争强好胜的富翁如何在不暴露各自财富的前提下比较出谁更富有？

姚氏百万富翁问题有很多解决方案，下面给出了一个巧妙的解决方案。

（1）假设两个富翁的财富值都是百万的整数倍。找来 10 个一模一样的箱子，排成一列，并按 1 ~ 10 的顺序标号依次代表 100 万、200 万 ······ 1000 万。

（2）富翁 A 可以按照自己的财富值依次往箱子中放入水果。如果箱子编号小于自己的财富值，就放入苹果；如果编号等于财富值，就放入梨；如果编号大于自己的财富值，就放入香蕉。全部放好后，分别加上外观一样的锁。此时，从外观看，除了编号，10 个箱子没有任何区别。

（3）此时富翁 B 过来可以按照自己财富值对应的编号留下一个箱子，去掉编号，再把剩余所有箱子销毁。

（4）只保留一个箱子后，富翁 B 拿到富翁 A 的钥匙打开箱子，拿出水果后就知道两人财富值的对比情况。如果里面放着苹果，则 A 更富有；如果里面放着香蕉，则 B 更富有；如果是梨，则两人财富相等。

以上这个方案就是多方安全计算思想的起步，两个参与方虽然没有交换彼此的原始数据，但共同完成了同一个计算目标，并获得了计算结果，实现了对自有数据的安全保护。

在此基础上，如果扩展成多个参与方的更广泛场景，多方安全计算问题就可以抽象概括成如下数学模型。

设 $P=\{P_1,P_2,\cdots,P_n\}$ 是 $n$ 个参与者的集合，他们想要安全地合作完成某个给定函数 $f(x_1,x_2,\cdots,x_n)=(y_1,y_2,\cdots,y_n)$ 的计算，其中函数 $f$ 的 $n$ 个输入 $(x_1,x_2,\cdots,x_n)$ 分别由 $n$ 个参与者 $P_1,P_2,\cdots,P_n$ 秘密地掌握而不被其他人知道，在计算结束后 $P_1,P_2,\cdots,P_n$ 分别得到 $y_1,y_2,\cdots,y_n$，这里的安全主要指参与者 $P_i(i=1,2,\cdots,n)$ 只能根据自己的输入 $x_i$ 来获得输出 $y_i$，而得不到任何有关其他参与者的额外信息。

在百万富翁问题提出后的很长一段时间（20 世纪八九十年代），多方安全计算始终停留在学术研究层面，有少数论文发表，主要集中在证明技术的可行性上，但讨论的场景距离实际应用相差甚远。21 世纪的前 10 年里，多方安全计算进入实验室阶段，开始有一些项目研究与实际问题的结合，例如在数据挖掘中为保护隐私设计多方安全计算协议。2010 年之后，一些行业巨头开始尝试应用多方安全计算解决数据安全交换的问题，但性能上的瓶颈严重影响了技术的可用性。直到 2017 年左右，随着数据应用与流通的监管趋严，越来越多的产业应用期待利用技术来解决数据合规问题，越来越多的企业加入技术研发的队伍中，多方安全计算的可用性得到明显提升，技术进入了规模化蓬勃发展的阶段。

### ➢ 多方安全计算的底层技术

以姚期智在 1982 年给出的百万富翁问题和解决方案为引子，此后的学者不断受到启发，扩展出了更多的基于密码学算法的应用协议和框架，满足让多方安全地完成任意计算任务。

自 1986 年姚期智提出第一个通用的多方安全计算框架（常被称为 Yao's Garbled Circuit，姚氏混淆电路）以来，30 多年间已经有 BMR、GMW、BGW、SPDZ 等多种多方安全计算协议陆续被提出。至今，每年仍有大量的研究工作在改进和优化这些多方安全计算框架。

这些通用的多方安全计算框架都是从两方、三方的简单场景中衍生而来的，基于的是几个最关键的底层密码学协议或框架，主要包含不经意传输（Oblivious Transfer，简称 OT）、混淆电路（Garbled Circuit，简称 GC）、秘密分享（Secret Sharing，简称 SS）等。主流的两方安全计算主要采用不经意传输和混淆电路这两种密码学技术，而更通用的多方安全计算涉及不经意传输、混淆电路、秘密分享等多种密码学技术。接下来我们对这三个底层技术进行介绍。

- 不经意传输（OT）

不经意传输也称茫然传输，是一种基本的密码学原语，可以在数据传输与交互过程中保护隐私。在 OT 协议中，数据发送方同时发送多个消息，而接收方仅获取其中之一。发送方无法判断接收方获取了具体哪个消息，接收方也对其他消息的内容一无所知。

最早的 OT 协议是在 1981 由 Michael O.Rabin 提出的，在 Rabin 的 OT 协议中，发送者 Alice 发送一条消息给接收者 Bob，而 Bob 以 1/2 的概率接收到信息。在协议交互结束后，Alice 并不知道 Bob 是否接收到了信息，而 Bob 能确信地知道自己是否收到了信息。显而易见，这种模式并不具备落地的实用价值。

1985 年，Shimon Even，Oded Goldreich 和 Abraham Lempel 提出了更为实用的 2 选 1 OT 协议。如图 2-1 所示，在这种形式的不经意传输模型中，Alice 每次发两条信息（$m_0$、$m_1$）给 Bob，Bob 提供一个输入，并根据输入获得输出信息。在协议结束后，Bob 得到了自己想要的那条信息（$m_0$或者 $m_1$），而 Alice 并不知道 Bob 最终得到的是哪条。值得注意的是，1988 年，Claude Crépeau 证明了 Rabin 的 OT 协议和 2 选 1 OT 协议是等价的。

图 2-1　2 选 1 OT 协议

1986 年，Brassard 等人又将 2 选 1 OT 协议扩展为了 $N$ 选 1 OT 协议，其实现逻辑如图 2-2 所示。

$(m_0, m_1, \cdots, m_{n-1})$

Bob

$\alpha$

$m_\alpha$

Alice

图 2-2　*N* 选 1 OT 协议

在多方安全计算应用中，比如 PSI、混淆电路等，一般需要执行大量的 OT 协议来完成复杂的计算，效率问题使得 OT 协议的实用价值并不高。1996 年 Beaver 依据混合加密构想提出了第一个 OT 扩展协议，但这一协议需要计算复杂的伪随机发生器，在实际中也不高效。基于扩展的思想，Ishai 等人在 2003 年提出将基础的 OT 协议与随机语言模型结合，通过少量基础 OT 的计算代价和大量对称加密操作来提高大量 OT 操作的效率，可以达到一分钟执行数百万次的 OT 协议，该协议可以同时满足实用性和安全性需求，具有重要的意义，也得到了很广泛的应用。

- 混淆电路（GC）

混淆电路是一种将计算任务转化为布尔电路并对真值表进行加密打乱等混淆操作以保护原始输入数据隐私的思路。利用计算机编程将目标函数转化为布尔电路后，对每一个门输出的真值进行加密，参与方之间在互相不掌握对方私有数据的情况下共同完成计算。最早的混淆电路是姚期智院士针对百万富翁问题提出的解决方案，因此又称为“姚氏混淆电路”。

GC 协议的基础是“电路”。根据计算理论，所有可计算的问题都可以转换为各个不同的电路，例如加法电路、比较电路、乘法电路等。因此，函数计算可以被规约为对电路的计算。

电路是由一个个门（gate）组成的，例如与门、非门、或门、与非门等。完成一个函数的计算，首先需要构建一个由与门、或门、非门、与非门组成的布尔逻辑电路，每个门都包括输入线和输出线，布尔逻辑电路如图 2-3 所示。

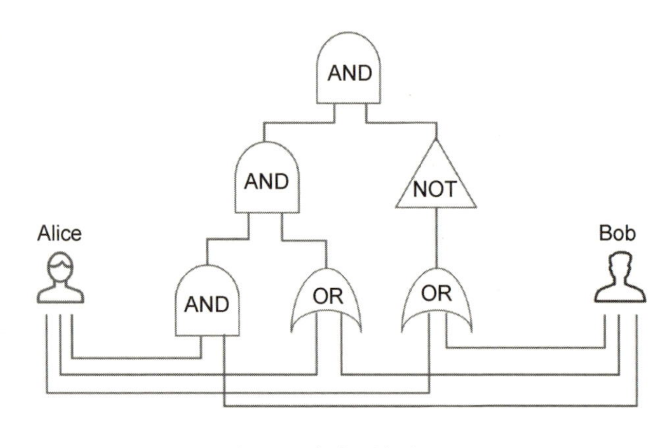


图 2-3　布尔逻辑电路

GC 协议的关键是“混淆”，也就是对电路内部所有的输入和输出都通过加密+打乱的方式进行混淆，用加密的值的计算来代替明文的传输以达到计算双方无法获得对方的输入值。混淆要覆盖电路的所有环节，因此，以门为单位，每个门有一张对应的真值表，如图 2-4 所示。

**与门明文真值表**

| Input a | Input b | Output c |
| --- | --- | --- |
| 0 | 0 | 0 |
| 0 | 1 | 0 |
| 1 | 0 | 0 |
| 1 | 1 | 1 |

**混淆值替换后的真值表**

| Input a | Input b | Output c |
| --- | --- | --- |
| $R_{a,0}$ | $R_{b,0}$ | $R_{c,0}$ |
| $R_{a,0}$ | $R_{b,1}$ | $R_{c,0}$ |
| $R_{a,1}$ | $R_{b,0}$ | $R_{c,0}$ |
| $R_{a,1}$ | $R_{b,1}$ | $R_{c,1}$ |

**混淆电路真值表**

| a AND b = c |
| --- |
| Enc_$R_{a,0}R_{b,0}(R_{c,0})$ |
| Enc_$R_{a,1}R_{b,1}(R_{c,1})$ |
| Enc_$R_{a,1}R_{b,0}(R_{c,0})$ |
| Enc_$R_{a,0}R_{b,1}(R_{c,0})$ |

图 2-4　真值表示例

为了计算门电路，Alice 将输入对应的密钥 $R_{a,0}$ 或 $R_{a,1}$ 发送给 Bob；Bob 和 Alice 执行 OT 协议，Alice 获得 Bob 输入对应的密钥 $R_{b,0}$ 或 $R_{b,1}$；Bob 根据获得的两个密钥对加密真值表的每一行尝试解密，最终只有一行能解密成功，并提取相关的加密

信息 $R_{c,0}$ 或 $R_{c,1}$；最后，Bob 将计算结果返回 Alice，Alice 确定最终的计算结果。在以上过程中，Alice 和 Bob 的交互仍然都是密文或随机数。

由于混淆电路需要对每一位进行电路门计算并且电路门数量巨大，导致计算效率较低。例如，计算 AES 加密算法大约需要 30000 个电路门，计算 50 个字符串大约需要 250000 个电路门。因此，研究者提出了一系列的电路优化策略，还提出了新的混淆电路协议，包括由 Goldreich 等人提出基于秘密分享和 OT 协议的 GMW 编译器，以及基于“Cut and Choose”[1]的适用于恶意模型的混淆电路等。

- 秘密分享（SS）

秘密分享也称秘密分割或秘密共享，它给出了一种分而治之的秘密信息管理方案，原理是将秘密拆分成多个分片（share），每个分片交由不同的参与方管理。它源于经典密码理论，最早由 Sharmir 和 Blakley 在 1979 年分别基于拉格朗日插值多项式和线性几何投影理论独立提出。秘密分享一般用于两方或多方计算中的算术计算场景。

秘密分享为存储高敏感、高机密数据提供了良好的解决方案。对于敏感信息的存储应具备高机密性和高可靠性。如果采用单点存储，则机密性提高的同时又难以抵抗内部泄露带来的风险，如果采用多备份存储，则机密性又无法保障。

如图 2-5 所示，秘密可以通过将超过一定门限数量的若干个分片重新组合进行复原，但单一的分片无法获取关于秘密的有效信息。因此，即使有参与者出现问题，

---

1 Cut and Choose 是一种两方协议，其目的是为了证明参与方发送给另一方的部分数据是按照商定方法诚实构建的。常用于交互式证明、零知识协议、见证不可区分和见证隐藏协议。

在一定数量范围内，秘密仍能完整恢复，从而有效地防止系统外敌人的攻击和系统内用户的背叛。

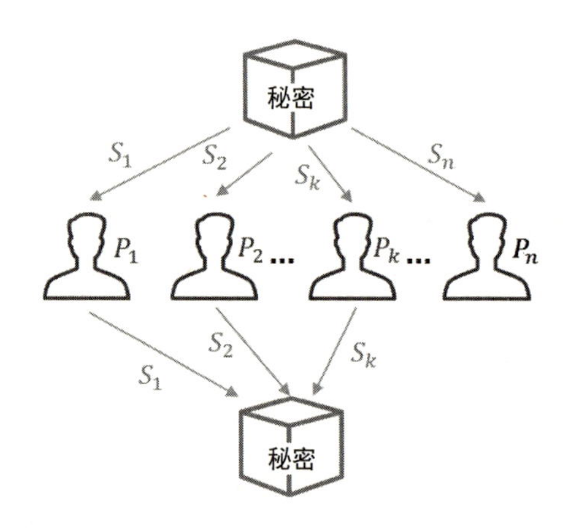


图 2-5　秘密分享的概念图

同时，秘密分享还具有同态的特性。A 和 B 两个秘密被随机分成多个碎片($X_1$，$X_2$，…，$X_n$)和($Y_1$，$Y_2$，…，$Y_n$)，并分配到不同参与节点($S_1$，$S_2$，…，$S_n$)中，每个拿到碎片节点的运算结果再求和能够重新构造原始的秘密值。图 2-6 给出了一个基于秘密分享的计算示例。这也是实现不交换原始数据，直接进行计算的重要基础。

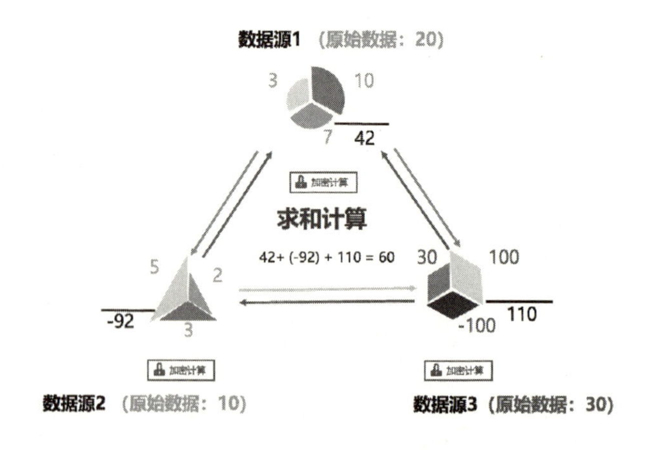


图 2-6　基于秘密分享的求和计算

目前，秘密分享的实现方案主要有以下几个。

（1）$(t, n)$阈值密钥分享方案。即将秘密分享给 $n$ 个参与方，允许任意 $t$ 个参与方将秘密数据解开，但任何不多于 $t-1$ 个参与方的小团体都无法将秘密数据解开。目的是利用 $n$ 个共享中的至少 $t$ 个共享之间的相互协作来控制某些重要任务，如导弹发射的控制、支票签署等。

（2）多秘密分享方案。同时保护多个秘密，将不同的秘密和不同的授权子集联系在一起。

（3）带除名的秘密分享方案。$n$ 个用户参与的秘密分享方案中如果有一个用户不能信赖，则可将这个用户除名，变成有 $n-1$ 个用户参与的秘密分享方案。

➢　**多方安全计算的特点**

多方安全计算拓展了传统分布式计算及信息安全范畴，为网络协作计算提供了一种新的计算模式，对解决网络环境下的信息安全具有重要意义。利用多方安全计算协议，一方面可以充分实现数据持有节点间互联合作，另一方面又可保证秘密的安全性。

作为隐私计算密码学流派的最主要技术方案之一，其特点主要体现在以下几个方面。

（1）安全性。多方安全计算可以使多个非互信主体在数据相互保密的前提下进行高效数据融合计算，实现“数据可用不可见”，并且在近 40 年的发展中其各种核心技术和构造方案不断接受学术界和工业界的检验，具有很高的安全性。

（2）去中心化。传统的分布式计算由中心节点协调各用户的计算进程，收集各用户的输入信息。而在多方安全计算中，各参与方地位平等，不存在任何有特权的参与方或第三方，避免了大型的中心化节点，也防止了数据被部分参与方所垄断。

（3）支持通用计算。多方安全计算利用密码学协议将各类计算任务进行拆分或转化，各方就某一约定计算任务，通过约定协议进行协同计算。计算结束后，各方得到正确的数据反馈。任何复杂的计算都是通过基础计算的叠加组合实现的，只要可以实现最核心的基础计算，就能通过组合改造支撑各类计算任务的实现。

（4）开发难度大。多方安全计算是依托于复杂的密码学原理实现的，由于其理论复杂性，工程实现的难度大大增加。在 20 世纪 80 年代之后的三十余年时间里，多方安全计算的性能相对较低，长期停留在实验室研究阶段。好在近几年产业界的高度关注使得其性能得以迅速提升，技术可用性得到很大提升，开始出现落地应用。

（5）计算效率较低。密码学理论强调严谨的安全证明，通过前面对不经意传输、混淆电路等的介绍也可以看出，相对于其他方式，多方安全计算实现过程中的效率相比明文计算会有较为明显的差距。但在目前已有的应用中，最看重的并非效率，在足够安全的前提下，牺牲一定的效率也是可以被接受的。

➢ **基于多方安全计算的隐私计算平台**

以两方数据合作为例，给出了一个基于多方安全计算的隐私计算平台的参考架构。当任务发起方触发一个 MPC 计算任务时，枢纽节点传输网络及信令控制。每个数据持有方可发起协同计算任务。通过枢纽节点进行路由寻址，选择相似数据类型的其余数据持有方进行安全的协同计算。参与协同计算的多个数据持有方的

MPC节点根据算法方提供的计算逻辑，从数据库中查询所需数据，再共同就MPC计算任务在数据流间进行协同计算。在保证输入隐私性的前提下，各方得到正确的数据反馈，整个过程中本地数据没有泄露给其他任何参与方。

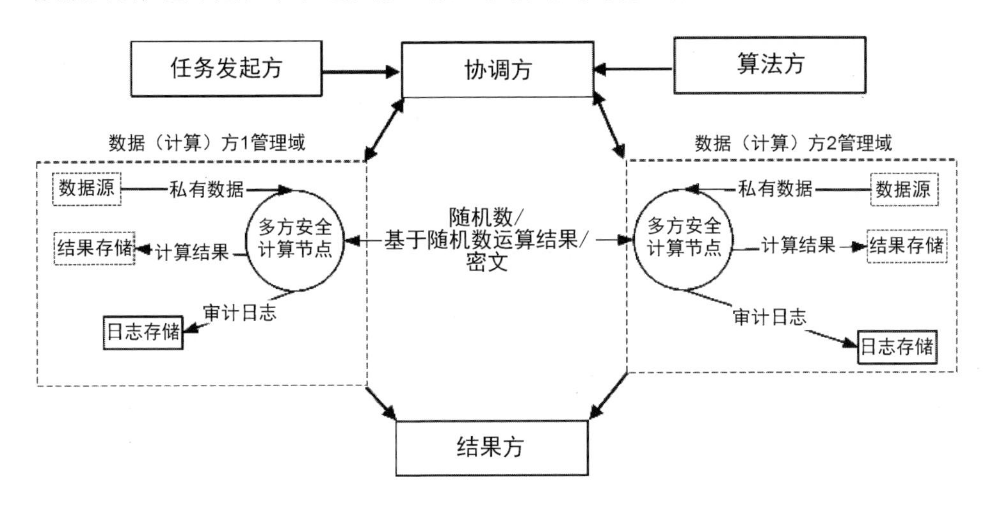


图2-7　基于多方安全计算的隐私计算平台参考架构

在上述架构中，任务发起方和调度方各只有一个；数据方、计算方和结果方可以有多个。一个实体可以同时承担多个不同角色。不同计算方需处于不同的管理域。

一个数据（计算）方[1]的管理域在多方安全计算节点基础上，提供数据流通产品所需的数据源、结果存储、日志存储、计算任务管理、错误处理、运行监控等常用模块。某些场景下，数据源和结果存储为可选模块：对于少量数据的多方安全计算可以不使用数据源和结果存储设备，而从操作界面上进行输入输出。

1 传统教科书中存在将数据方和计算方分开的情况，如在秘密分享协议中将秘密切分后发送给不同的节点参与计算。但是在现实场景中，由于数据方往往要求对数据有很强的控制性，所以数据方和计算方通常是一个实体。

协调方是独立于计算方的一个实体，作为枢纽节点用于协调各方。主要原因是由于多方安全计算是分布式的计算协议，其部署、启动、配置等都需要自动进行，这一统筹功能应由一个独立的模块负责，这一模块可以是独立于计算方的一个实体。用于实现计算请求受理，计算所用函数的分配等这些不涉及隐私数据的功能。某些场景下，协调方除了协调功能，也可以提供中心化管理元数据信息、多方计算节点的发现、安全证书管理等功能，便于构建数据流通平台。

此外，在多方安全计算模块的安全计算网络中还可能存在辅助安全计算的节点（如协助安全计算节点间互相发现的服务器）、获取其他方安全计算结果而不提供数据参与计算的纯数据需求方。

### ➢ 其他基于密码学的隐私计算技术

除了多方安全计算，同态加密、差分隐私、零知识证明等基于密码学的技术也是经常被纳入隐私计算体系范畴内的代表性技术。这些也都是基于密码学理论的实现方案，大多因为通用性不足、性能差等原因的限制，没能登上密码学流派隐私计算的 C 位，但这些技术仍然值得关注和讨论。

- 同态加密（Homomorphic Encryption，简称 HE）

同态加密是一类具有特殊属性的密码学技术，该概念最早在 1978 年由 Ron Rivest、Leonard Adleman 和 Michael L. Dertouzo 提出。与一般加密算法相比，同态加密除了能实现基本的加密操作，还能实现密文上的多种计算功能，即先计算后解密可等价于先解密后计算。这个特性对于保护数据安全具有重要意义。使用同态加密算法，不持有私钥的用户也可以对加密数据进行处理，处理过程不会泄露任何原始数据信息。同时，持有私钥的用户对处理过的数据进行解密后，可得到正确的处理结果。

举个例子来说明：Alice 买到了一大块金子，她想让工人把这块金子打造成一个项链。但是工人在打造的过程中有可能偷金子，Alice 可以通过以下这种方法既让工人加工金子又不能偷走金子。Alice 将金子锁在一个密闭的盒子里面，这个盒子安装了一个手套。工人可以戴着这个手套，对盒子内部的金子进行处理。但是盒子是锁着的，所以工人不仅拿不到金块，连处理过程中掉下的任何金子也都拿不到。加工完成后。Alice 拿回这个盒子，把锁打开，就得到了项链。

这里面的对应关系如下：盒子——加密算法；盒子上的锁——用户密钥；将金块放在盒子里面并且用锁锁上——将数据用同态加密方案进行加密；加工——应用同态特性，在无法取得数据的条件下直接对加密结果进行处理；开锁——对结果进行解密，直接得到处理后的结果。

同态加密从功能上可分为部分同态算法和全同态算法。部分同态加密（PHE）指要么支持加法同态，要么支持乘法同态，或者两者都支持但是操作次数受限，这意味着此同态加密方案只支持一些特定的函数。但与此同时也可以降低开销，容易实现，因此已经在实际中得到较广泛的使用。完全同态加密（FHE），又称全同态加密，指同时满足同态加法运算和同态乘法运算，这意味着任意给定的函数，只要可以通过算法描述，就可以用计算机实现。但全同态计算开销极大，目前仍处于开发阶段，几乎无法在实际中使用。但为提高全同态加密的效率，密码学界对其研究与探索仍在不断推进，这将使得全同态加密越来越向实用化靠近。

按照其满足的具体运算类型，同态加密算法又可分为加法同态（例如 Paillier

同态)、乘法同态(例如 RSA 同态),以及加法乘法都满足的全同态加密(例如 Gentry 同态加密)。

同态加密在分布式计算环境下的密文数据计算方面具有比较广泛的应用领域，比如安全云计算与委托计算、匿名投票、文件存储与密文检索等。例如在云计算方面，如果由于安全隐患，用户不敢将密钥信息直接放到第三方云上进行处理，那么通过同态加密，则可以放心使用各种云服务，同时各种数据分析过程中也不会泄露用户隐私。同时，在区块链上，使用同态加密，智能合约也可以处理密文，而无法获知真实数据，能极大地提高隐私安全性。

- 差分隐私（Differential Privacy，简称 DP）

差分隐私是 Dwork 在 2006 年针对数据库的隐私泄露问题提出的一种新型稳私保护机制。该机制是在源数据或计算结果上添加特定分布的噪音，确保各参与方无法通过得到的数据分析出数据集中是否包含某一特定实体来实现隐私保护。

关于差分隐私是否属于密码学领域，其实是有争议的。毕竟相比于同态加密，它没有传统意义上的加密解密，而是通过噪声增加随机性。但差分隐私这一概念确实来自密码学中关于语义安全的概念，即攻击者无法区分出不同明文的加密结果。总的来说，我们可以把差分隐私看作密码学中的一位“远亲”。

结合维基百科中给出的定义，差分隐私的特点是“在进行统计查询时，在最大化数据查询的准确性的同时最大限度减少识别其记录的机会。具体可以这样理解，统计查询的目标是从数据集中抓取有效信息，而隐私却要隐藏掉个人的信息，两者之间存在冲突。举个简单的例子，假设现在有一个婚恋数据库，2 个单身 8 个已婚，只能查有多少人单身。刚开始的时候查询发现，2 个人单身；如果此时有一个人跑去登记了自己婚姻状况，而再次查询的结果是 3 个人单身，则可以很容易反推出新登记的人是单身。

针对上述冲突，差分隐私提供了一种方案：利用随机噪声向查询结果中加入随机性，来确保统计查询的结果并不会因为单一个体的增减而变化。在数学上，差分隐私被定义为 $P_r\left[\kappa\left(D_1\right)\in S\right]\leqslant\exp\left(\varepsilon\right)\times P_r\left[\kappa\left(D_2\right)\in S\right]$，其内涵是对于相差一条数据记录的两个数据集（$D_1, D_2$），查询它们获得相同结果的概率是非常接近的。此时，如果有一种算法使得攻击者在查询 $N$ 条信息和去掉任意一条信息的其他 $N$-1 条信息时，获得的结果是一致的，那攻击者就没办法确定出第 $N$ 条信息了，其对应的个体就得到了隐私保护。

按照隐私保护技术所处的数据流通环节的不同，差分隐私技术可分中心化差分隐私技术和本地化差分隐私技术。中心化差分隐私是将原始数据集中到一个数据中心，然后发布满足差分隐私的相关统计信息，适用于数据流通环节中的数据输出场景。本地化差分隐私则是将对数据的隐私化处理过程转移到每个用户上，在用户端处理和保护个人敏感信息，更适用于数据流通环节中的数据采集场景。

差分隐私是建立在严格的数据理论基础之上的定义，相对于其他传统的隐私保护方案，有三个优点：一是不关心攻击者所具有的背景知识；二是具有严谨的统计学模型，能够提供可量化的隐私保证；三是添加噪声不会额外增加计算开销，保护了性能。但随机噪声的添加在一定程度上也会影响数据本身的可用性。在现有的落地应用中，差分隐私主要用于传统的数据脱敏、匿名化等问题，代表性的案例如苹果和谷歌分别在 iOS 和 Chrome 中使用差分隐私技术，在收集用户使用信息的同时保障隐私。

- 零知识证明（Zero-Knowledge Proof，简称 ZKP）

零知识证明由 S.Goldwasser、S.Micali 及 C.Rackoff 在 20 世纪 80 年代初首先提出，用于在不泄露关于某个论断任何信息的情况下证明该论断的正确性，即是“证明者”想证明他有某个能力但又不将相关信息透露出去的一种手段。近年来，零知识证明多用于增强区块链技术的隐私保护上。

Jean-Jacques Quisquater 和 Louis Guillou 用一个关于洞穴的故事来解释零知识证明。如图 2-8 所示，洞穴里有一个秘密，知道咒语的人能打开 C 和 D 之间的密门。但对任何人来说，两条通路都是死胡同。

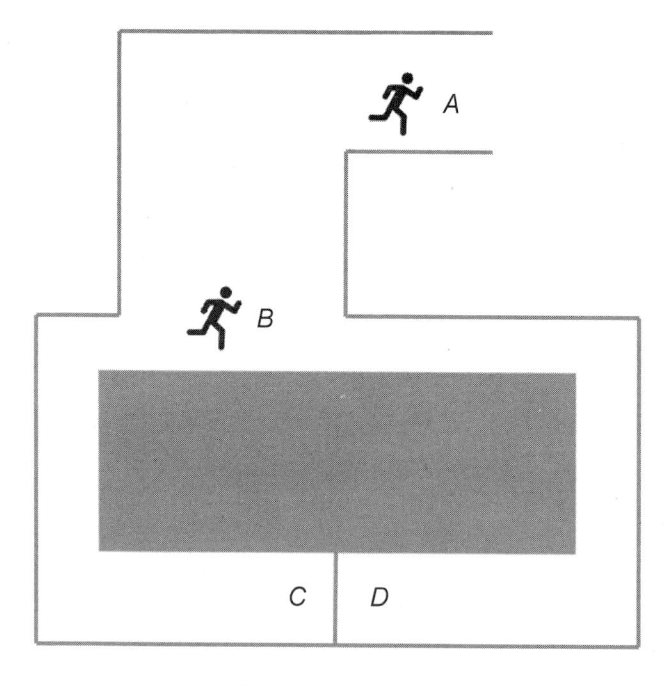


图 2-8　零知识证明思想原理示意图

假设 P 知道这个洞穴的秘密，她想对 V 证明这一点，但她不想泄露咒语。下面是她如何使 V 相信的过程。

（1）V 站在 $A$ 点。

（2）P 一直走进洞穴，到达 $C$ 或者 $D$ 点。

（3）在 P 消失在洞穴中之后，V 走到 $B$ 点。

（4）V 向 P 喊叫，要她：从左通道出来，或者从右通道出来。

（5）P 答应，若有必要则用咒语打开密门。

（6）P 和 V 重复步骤（1）~（5）多次。

在多次重复中，若每次 P 都从 V 要求的通道中出来，则能说明 P 确实知道咒语，并且 V 不知道咒语的具体内容。

我们再用一个更直接的例子说明零知识证明这类方法的好处。如果 Alice 要想 Bob 证明自己拥有某个房间的唯一钥匙（该房间没有其他进入方式），那么可以有两种方法。方法一是 Alice 直接将钥匙交给 Bob，如果 Bob 可以用钥匙打开房间，则说明 Alice 确实有正确的钥匙。方法二是 Bob 确定房间内有某个物体，Alice 自己用钥匙开锁并把对应物体拿出来，从而证明自己确实有正确的钥匙。对比之下，在方法二的证明过程中，Bob 并没有看到或拿到钥匙，避免了钥匙的泄露，这种方法就属于零知识证明。

根据上述定义和示例可以说明零知识证明具有的三个重要性质：一是完备性，只要证明者拥有相应的知识，就能通过验证者的验证，即证明者有足够大的概率使验证者确信；二是可靠性，如果证明者没有相应的知识，则无法通过验证者的验证，即证明者欺骗验证者的概率可以忽略。三是零知识性，证明者在交互过程中仅向验证者透露是否拥有相应知识的陈述，不会泄露任何关于知识的额外信息。

基于以上特性，零知识证明非常适用于交易有效性证明、供应链金融、数据防伪溯源等场景，可以让验证方既不知道数据具体内容，又能确认该内容的是否有效或合法，因此近年来，零知识证明多用于增强区块链技术的隐私保护上。

## 2.2 以联邦学习为代表的融合衍生技术

### ➢ 联邦学习的概念

联邦学习（Federated Learning，简称 FL）是一种多个参与方在各数据不出本地的前提下共同完成某项机器学习任务的活动。通过联邦学习，不同的数据拥有方可以在不交换彼此数据的情况下，建立一个虚拟的共有模型，这个虚拟模型的效果等同于各方把数据聚合在一起建立的模型。

所谓联邦学习，可以简单理解为联邦架构+机器学习。联邦架构即是一系列身份和地位相等的参与方的联合，机器学习则是指参与方门结合成联邦的目的和任务。

举例来说，有两个企业，分别是 A 和 B，它们各自拥有自己的数据集。双方都希望融合更多对方的数据使机器学习模型达到更好的效果。但出于企业机密信息的保护或是监管合规要求，两家企业现在不能把数据放到一起集中建模。如果各自建模，则要么数据不完整（缺少标签数据或特征数据）、要么数据量不足，均无法获得有效的模型。此时，利用联邦学习构造的虚拟融合，以一种“数据不动模型动”的思想，让 A、B 不用聚合原始数据，而是各自在本地进行训练后交换中间因子，再对模型进行优化迭代。这样，两家企业的数据和模型均可在本地可控，又完成了联合建模，也是一个彼此间“数据可用不可见”的实现。

总之，联邦学习是适用于机器学习算法的隐私计算技术。

### ➢ 联邦学习的起源

相比于多方安全计算和可信执行环境，联邦学习绝对是最热门的一类隐私计算。忽如一夜春风来，布局或应用联邦学习的企业没有百家也有几十家，除了互联网大厂和技术研发企业，很多传统的金融机构也都开始研究和关注联邦学习。这是为什么？

联邦学习底座的形态是一种分布式机器学习，而人工智能的火热自然成为联邦学习发展的铺垫。2012 年以来，人工智能的各类应用逐步深入人们的生产生活。但人工智能有一个很重要的因素就是数据，只有汇聚大量、优质的数据，才能支撑模型应用的效果。一个人工智能项目通常需要融合多个企业、多个部门或者多个地域的数据，比如模拟用户的消费习惯，就需要其在不同平台通过不同方式进行消费的记录。但事实上，目前的情况是大部分企业内部拥有的数据是规模小且特征维度不足的。如果想要直接汇聚、整合多个企业的数据，就更困难，主要的掣肘是数据安全隐患和合规监管要求。

站在公司商业利益的角度，已知其内部自有的数据具有很大潜在价值，如果对外输出数据进行跨公司间的合作，将极大程度暴露自己的数据资源储备，数据安全风险极大，必会损害企业利益。与此同时，2016 年欧盟通过《通用数据保护条例》（*General Data Protection Regulation*，简称 GDPR）严格约束个人隐私数据的收集、传输、保留和处理，到美国《加州消费者隐私法案》（*California Consumer Privacy Act*，简称 CCPA），再到我国网信办起草的《数据安全管理办法（征求意见稿）》《数据安全法》《个人信息保护法》出台，国内外均在加强数据监管，因此数据流通应用必须在合规前提下是大势所趋。

基于以上几个方面，为了打通企业间的数据孤岛、增强数据融合时的隐私保护问题，联邦学习应运而生。也正如国内联邦学习的倡导者、微众银行首席 AI 官杨强老师所说：联邦学习将“领跑人工智能最后一公里”。

2016 年，谷歌建立基于分布在多个设备上的数据集的机器学习模型，同时防止数据泄露。其初衷是针对多个手机终端，各自利用其本地数据，共同训练一个模型，保护终端数据和个人数据隐私，在终端数据不离开本地的前提下完成建模。事实上，联邦学习的概念在机器学习的发展历程中曾多次以不同的形式出现，如面向隐私保护的机器学习（Privacy-Preserving Machine Learning）、分布式机器学习（Distributed Machine Learning）等。2016 年欧盟《通用数据保护条例》出台，在数据合规监管力度明显增强的背景下，谷歌将联邦学习的概念单独抛出，重点强调隐私保护，其相关的技术方案才受到更广泛的关注。

在提出概念两年后，谷歌又通过 *Towards Federated Learning at Scale:System Design* 发布了基于 TensorFlow 构建的联邦学习系统，支持在数千万台手机上搭载以实现可扩展的、大规模的移动端联邦学习。

自联邦学习提出之后，其场景范围越来越广泛，不同的技术提供方给出了各类相似的方案，比如微众银行参考谷歌的架构在国内推广联邦学习、蚂蚁集团融合 MPC 和 TEE 提出了“共享学习”、平安科技在联邦学习的基础上增加数据联盟和联邦推理业务并称为“联邦智能”、同盾科技也在联邦学习的基础上增加知识推理提出了“知识联邦”。随着近两年市场对技术的认知逐步普及，各类方案的名称逐步统一。目前，在需要融合多方数据建模的场景下，能够保护各参与方的本地数据和模型训练的中间结果等隐私数据不被泄露的联合建模都可以称为联邦学习。

### ➢ 联邦学习的分类

从技术本身的类型上，我们认为联邦学习是基于机器学习、分布式计算、密码学等多个技术的融合衍生品。

事实上，联邦学习的技术内核，是通过交互各参与方本地计算的中间因子来实现模型的聚合和优化的。

联邦学习通过交互中间因子来替代原始数据，但直接交互明文的中间因子也有泄露和反推原始数据的可能性。因此，为提升建模过程中对数据隐私的安全保护，现有的实现方案大多是在联邦学习的基础上结合多方安全计算、同态加密、差分隐私等密码学技术，对交互的中间因子进行加密保护，利用同态加密技术对中间因子进行加密交互，是目前我们看到最多的方案。另外还有方案结合了可信执行环境，实现基于可信硬件的中间因子安全交互。

如果再对联邦学习进行分类，可以根据各参与方数据特点的不同，具体分为横向联邦学习、纵向联邦学习和联邦迁移学习。

横向联邦学习更适用于在特征重合较多，而样本重合较少的数据集间进行联合计算的场景。以样本维度（即横向）对数据集进行切分，以特征相同而样本不完全相同的数据部分为对象进行训练，如图 2-9 所示。谷歌在 2016 年提出的安卓手机智能输入法推荐方案，就是使用横向联邦学习，是利用单个用户使用安卓手机时的输入序列特征，建立输入“热门词”的模型，并不断在本地更新模型后将参数上传到安卓云上，从而基于数千万个特征维度相同的用户输入习惯进行联合建模，最终实现对用户输入习惯的预测，在用户打字时自动给出下一个输入的关联词。

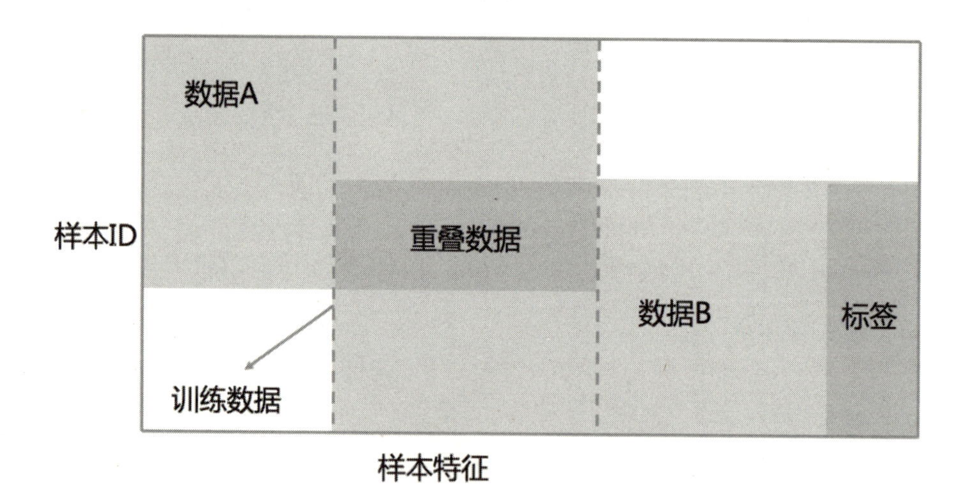


图 2-9 横向联邦学习

纵向联邦学习更适用于样本重合较多，而特征重合较少的数据集间联合计算的场景。以特征维度（即纵向）对数据集进行切分，以样本相同而特征不完全相同的数据部分为对象进行训练，如图 2-10 所示。在金融行业的风控场景中，有大量纵向联邦学习的实践案例。以同一地区的银行和电商为例，两机构在特定地区的用户群体交集较大，但各自拥有的用户特征不同，银行掌握的是用户的资产信息、借贷历史等，而电商掌握的是用户的消费习惯，利用两机构不同维度的用户特征进行联合建模，可以更好地评估、判断和预测用户信用违约风险的大小，以增强风控能力。

联邦迁移学习则适用于数据集间样本和特征重合均较少的场景。在这样的场景中，不再对数据进行切分，而是利用迁移学习来弥补数据或标签的不足，如图 2-11 所示。以不同地区不同行业的机构间进行联合建模为例，两家机构的用户群体和特征维度的交集都很小，虽然业务不同，但两家机构具有相似的业务目标。比如资讯公司的广告投放和电商平台的商品推荐，利用双方相似的用户浏览序列，抽取深层用户行为特征作为知识，在双方模型间共享和迁移，可以共同提升业务效果。联邦迁移学习的目标就是针对性地解决单边数据规模小、标签样本少的问题，主要适用于以深度神经网络为基模型的场景。

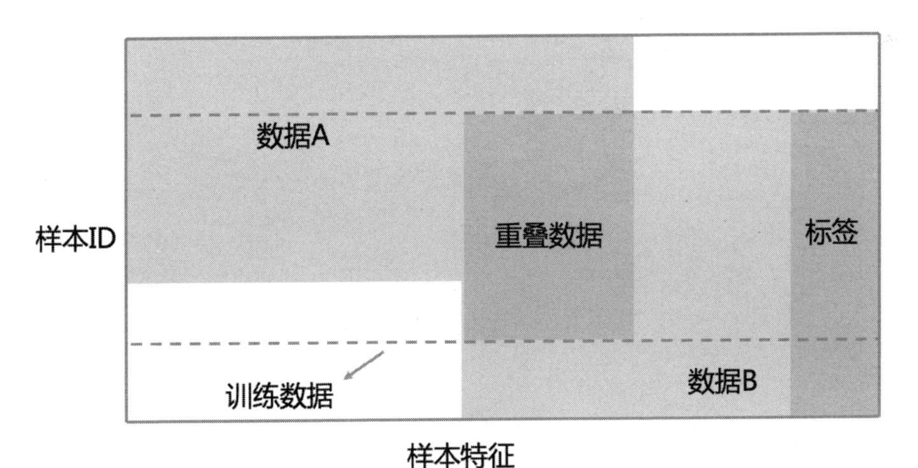


图 2-10　纵向联邦学习

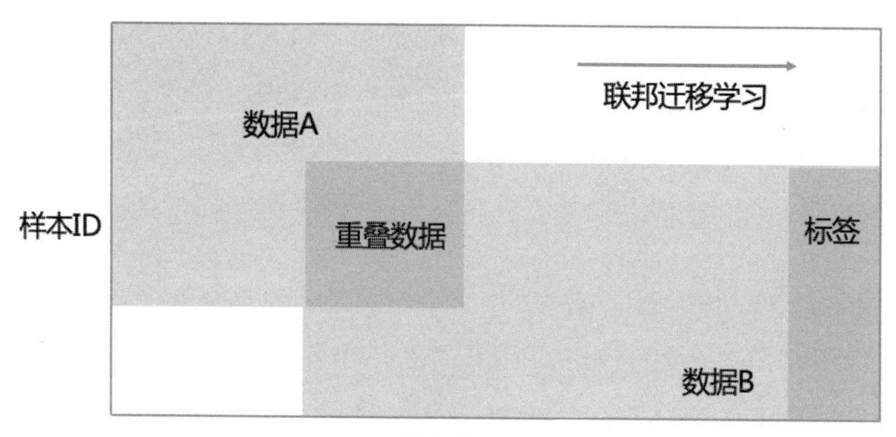


图 2-11 联邦迁移学习

目前，大部分落地应用的场景仍以纵向联邦学习为主，横向联邦学习和联邦迁移学习在实际应用中的占比并不高，这也跟现有的隐私计算应用场景较为集中有关，相关内容我们会在之后的章节里进行讨论。

### ➢ 联邦学习的实现流程

联邦学习的实现可以分为两个核心流程，一是特征工程，二是模型训练。

特征工程是训练的前提环节，需要对输入训练中的特征进行一系列加工和处理，主要包括异常值清洗、缺失值填充、特征编码、特征分箱、特征标准化、特征散列、特征选择等，这其中的一些过程并不一定需要通过联邦的形态交互实现，参与方在本地计算即可，但类似于特征分箱之类的处理大多还是需要以联邦的形态完成。

根据不同场景的不同目标，参与方之间按照约定的目标机器学习算法参与模型训练。常见的机器学习算法主要有逻辑回归、决策树、线性回归、k-means 聚类、主成分分析、深度学习等。但从目前的实践应用看，联邦学习中应用最多的还是逻辑回归和决策树模型。

那么，一个完整的联邦学习任务究竟是怎样完成的，我们通过纵向的联邦学习训练做一个简单的说明，仍然以两个参与方之间的合作为例，具体流程如图 2-12 所示。

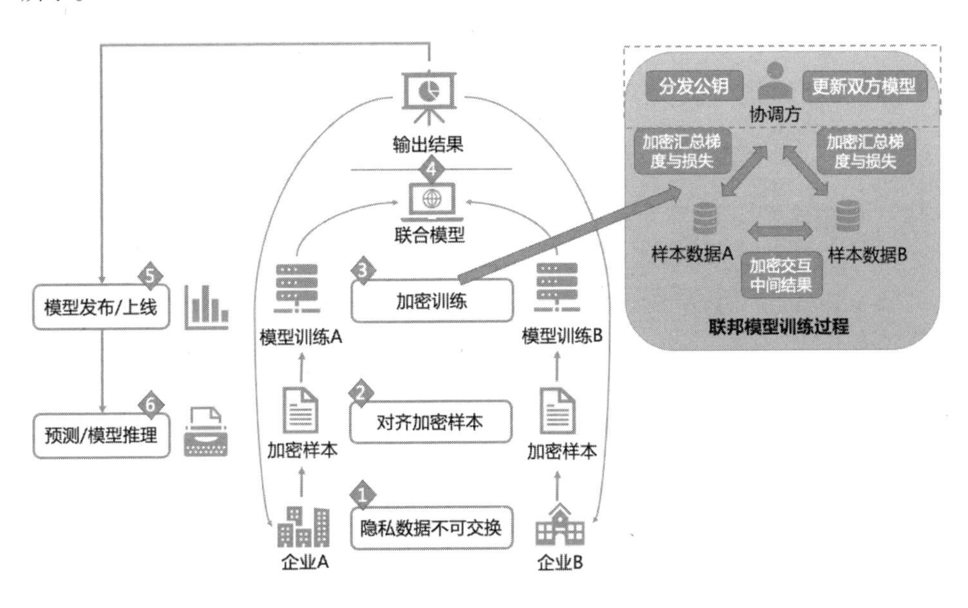


图 2-12　一个纵向的联邦学习训练流程示例

（1）部署数据集：参与方统一联邦学习的目标后，需要分别确认任务将使用到的样本数据集，检查与确认隐私数据不可交换后，完成数据集的加载和部署，进行特征导入，完成特征工程。

（2）对齐加密样本：也就是取双方样本的交集。由于双方的样本数据并非完全重合，系统利用基于加密的用户样本对齐技术，在双方不公开各自数据的前提下确认双方的共有用户，并且不暴露不互相重叠的用户，以便联合这些用户的特征进行建模。

（3）加密训练：在确定用户和特征对齐的情况后，就可以利用这些数据训练机器学习模型。如图 2-12 中右侧部分。具体流程可参阅第 3 章联合建模的纵向逻辑回归算法的训练过程。

（4）输出结果：训练结束后，指定的结果方可以按照约定的方式获取模型结果。配置任务时，参与方之间会提前约定结果输出方式，一般只有发起方可以获得模型结果，且模型结果只包含与本方特征有关的部分。

（5）模型发布/上线：对完成训练的模型进行管理发布。

（6）预测/模型推理：基于已完成训练的模型进行预测；但即使训练已完成，预测过程也需要其他参与方协同完成。

➢ **联邦学习的特点**

作为一类融合加密方案的特殊的分布式机器学习技术，联邦学习有以下优势：首先是原始数据不出域，从源头防止数据泄露；其次是去中心或弱中心化，在联邦学习的体系下，各个参与者的身份和地位相同，而可选的中心节点的功能被限制在协调上；最后，从理论上看，联邦学习的建模效果和将整个数据集放在一起建模的效果相同，或相差不大。

跟多方安全计算和可信执行环境一样，虽然联邦学习在理论上能解决数据孤岛和数据安全的问题，但是在实际应用中也面临着一些问题需要不断攻破：一是在部分算法需要协调方参与调度的场景中，如何信任协调方是难点，因此在实践中开始有方案结合多方安全计算；二是迭代训练过程中复杂的通信和计算消耗带来的性能损失如何降低；三是即使融合了多方数据，但如果在联合建模和预测过程中发生数据、模型安全攻击和隐私泄露，或是参与方样本非独立同分布、数据本身的质量过低，也难以获得良好的建模结果；四是仍然需要研究联邦学习的安全性，比如已经有论文研究表明梯度可能造成原始数据的泄露。这些都是当前联邦学习的研究热点。

此外，联邦学习在传统机器学习的基础上额外提出了一个关于激励机制和利益分配的子话题，成了技术本身之外，大家关注的重点。

讨论激励机制的初衷是因为除了数据隐私保护，一个典型的联邦学习过程包含很多训练轮次，都不可避免地要消耗参与方的计算资源、通信资源、设备资源等，且联合建模获得的结果并不一定对己方业务有利。因此在没有足够回报或收益的情况下，参与方企业可能不愿意加入联邦学习。所以联邦学习的研究者们开始讨论设计一种吸引参与方参与的激励机制。希望通过评估计算任务中每个参与方对于最终模型结果的贡献程度，来进行适当的利润分配。这也引发了联合建模场景中对于数据交易定价的思考。很多技术提供方和数据交易平台开始加入相关的研究和讨论中，出现了两类视角，一种是基于数据质量的贡献评估，另一种是基于数据数量的贡献评估，经济学领域中经典的沙普利值法（Shapley Value）、博弈论、契约理论经常在这些相关研究中得到应用。但是真正将基于激励机制实现的利益分配落地还面临着很多实际问题，比如参与方对模型产生负贡献的可能、独立的技术平台在分润中的角色等，因此，在目前的技术产品案例中，我们还没有看到关于激励机制的真正落地。

### ➢ 基于联邦学习的隐私计算平台

图 2-13 以两个数据方为例给出了一个基于联邦学习的隐私计算平台参考架构，要求平台具备调度管理、数据处理、算法实现和计算安全性等方面的能力。在此架构中，联邦学习任务的发起方可以是数据方（计算方）之一，也可是协调方、算法方或者结果方，还可以是独立的另一方。两个数据方的私有数据保存在数据方定义的私有边界内，且在该区域进行计算。

联邦学习的算法逻辑可以由独立的算法方提供，也可由协调方提供，还可由参与计算的各方协商预置。依据联邦学习任务的需要，计算方具有数据接入、结果存储、存证、计算任务管理、错误处理、运行监控等功能模块。其中存证模块具有日志存储功能，用于记录联邦学习运行过程中的重要信息，以支持隐私性测评和争端回溯等需求。

架构中的协调方负责协调、调度其他方参与计算，保证联邦学习任务的顺利执行，实现联邦学习任务管理、调度、辅助计算、错误处理和存证等功能。在某些落地场景中，协调方除了统筹协调功能，还可以提供密钥分发、算法管理等功能。

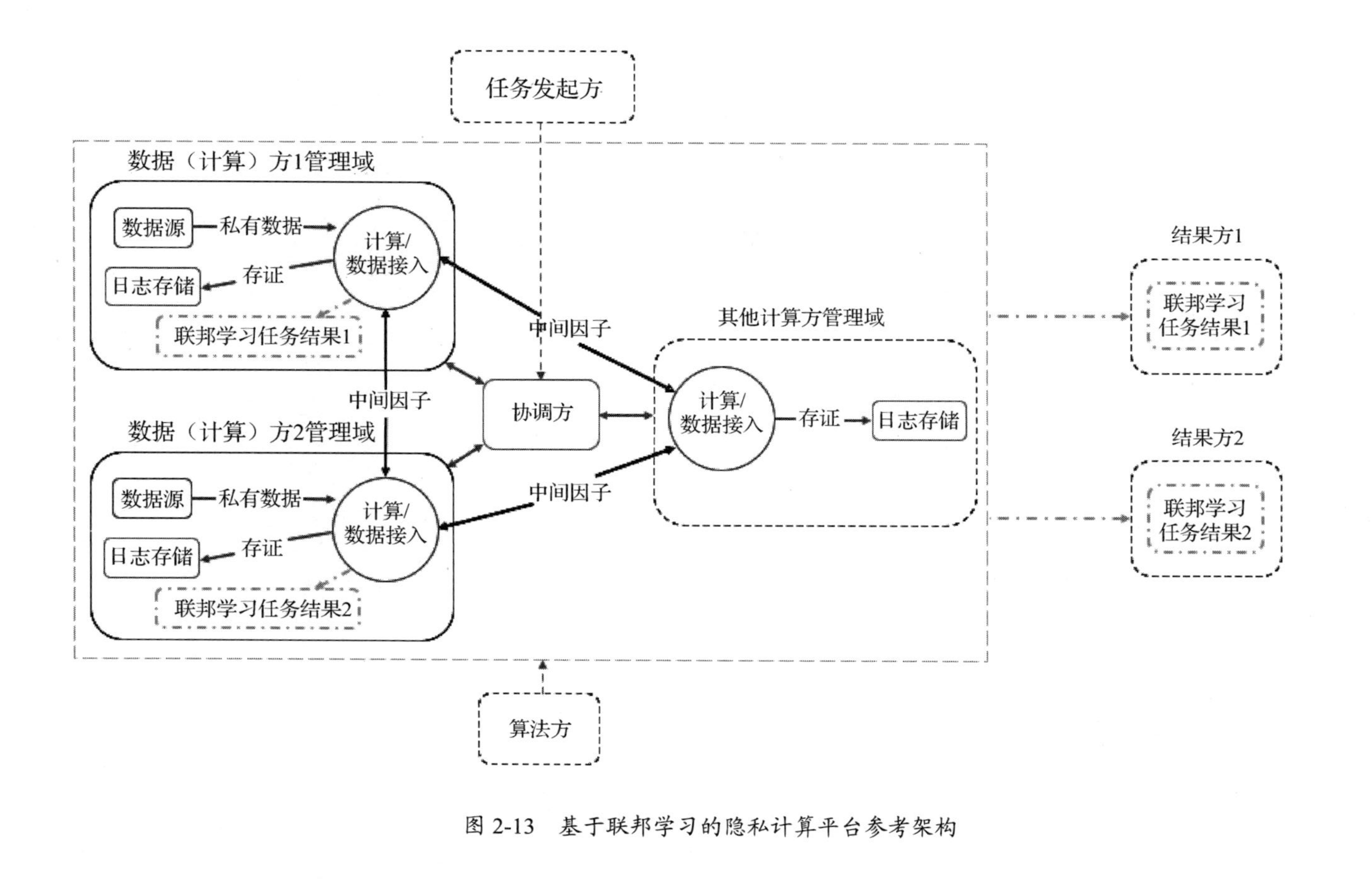


图 2-13　基于联邦学习的隐私计算平台参考架构

## 2.3 以可信执行环境为代表的可信硬件技术

### ➢ 可信执行环境的概念

简单来说，可信执行环境（TEE）就是打造一个用于执行计算的独立区域，是机密的、安全的。

TEE 的核心思想是隔离，就是将 TEE 与操作系统分割开并行运行。在 CPU 为 TEE 提供的特定区域内，数据和代码的执行完全与外部环境隔离，保证了机密性和完整性，TEE 内的应用程序可以正常访问 CPU 和内存的全部功能，但又不会受到操作系统中其他应用程序的影响。

可以说 TEE 就是一个专门执行高安全需求任务的黑盒子。举个例子，我们可以在智能手机上应用各种功能，一般的视听软件、计算器、备忘录等应用可以照常运营在传统的操作系统上。而当我们需要进行身份验证或电子支付等涉及敏感信息的操作时，则需通过 TEE 提供的特定接口进行，以保证我们的密码不被劫持，指纹信息和人脸信息等不被盗用，支付信息不被篡改等。

### ➢ 可信执行环境的起源

最初，可信执行环境是在移动设备的安全应用需求下催生的。

随着移动设备的快速普及，技术发展可以支撑用户实现越来越多的智能应用。移动设备上的通用环境被称为 REE（Rich Execution Environment），其上运行通用的操作系统 Rich OS（Operating System，例如 Android、iOS 等）。REE 是一个开放的、通用的、可扩展的环境，支持用户下载与安装各类应用程序，实现越来越多的智能、快捷应用。但也正是由于移动设备的开放环境，安全问题受到了越来越多的重视。

REE 上 OS 的设计复杂，代码庞大，漏洞频发且 OS 的设计可以看到运行其上的程序内部的所有数据。而信息安全攻击手段也在不断变化，大量的恶意代码和投毒攻击都会威胁移动设备的数据安全，特别是当用户使用设备进行身份验证、快捷支付、私密信息保存等涉及隐私的操作时，安全隐患极大。

针对这一问题，开放移动终端平台组织 OMTP（Open Mobile Terminal Platform）在 2006 年率先提出了一种双系统解决方案：在同一个移动终端上，除操作系统外再提供一个隔离的安全系统，运行在隔离的硬件之上，用来专门处理敏感信息，以保护信息安全。这就是 TEE 的前身。

随后，OMTP 在 2009 年提出了相关标准 *Advanced Trusted Environment: OMTP TR1*，标准中给出了 TEE 的定义——“一组软硬件组件，可以为应用程序提供必要的设施”。OMTP 指出 TEE 需要满足两种安全级别中的一种，一级安全是应对软件攻击，二级安全是同时应对软件和硬件攻击。

2010 年，国际标准化组织（Global Platform，简称 GP）开始起草制定了一整套 TEE 系统体系标准，从接口、协议实现、典型应用等方面对 TEE 进行了规范定义，并联合一些公司共同开发基于 GP TEE 标准的可信系统。如今，大多数 TEE 的商业实践或开源产品都遵循或参考了这套技术规范。

### ➢ 可信执行环境的实现方案

前面的内容中，我们讨论的是 TEE 的概念和理念。应用上，TEE 通常依赖于具体的技术厂商提供的不同实现方案，每个方案通过硬件或软硬件协同实现隔离的机制各不相同，支持的功能特性也有所差异。目前最具代表的、应用最多的技术方案是 ARM 的 TrustZone 和 Intel 的 SGX。

- ARM：TrustZone

TrustZone 是最早将 TEE 落地实现的技术方案。

2005 年，基于 OMTP 提出的 TEE 标准，ARM 公司提出了一种基于硬件虚拟化的 TEE 实现方案，即 TrustZone。TrustZone 将系统的硬件和软件资源一分为二，划分为两个执行环境——安全环境（Secure World）和普通环境（Normal World），具体架构如图 2-14 所示。安全环境拥有更高的执行权限，所有需要保密的操作在安全环境执行，如指纹识别、密码处理、数据加解密、安全认证等；而一般的系统操作均在普通环境中执行，且无法访问安全环境，以此实现隔离。

开发者通过使用安全操作系统（secure OS）提供的 API 开发更多的可信应用来实现特定的安全功能。可信应用的执行需要通过验证建立环环相扣的信任链条，当一个程序想要进入安全环境中时，验证操作系统需要检查其安全性，只有通过检验的程序才能进入安全环境。安全环境和普通环境之间通过一个叫作 Monitor Mode 的模式进行转换。

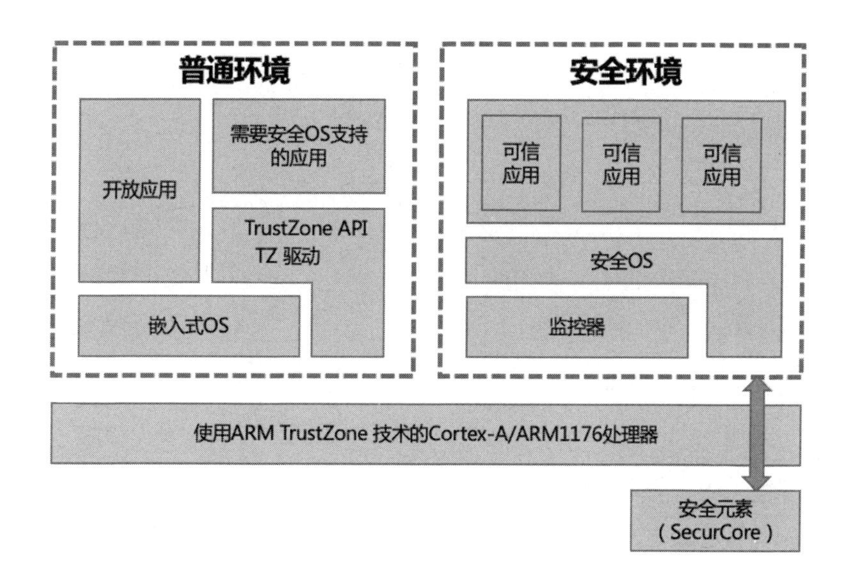


图 2-14　TrustZone 架构示意图

TrustZone 是标准 TEE 实现的一种方案，GP 的 TEE 架构和规范标准都是由 TrustZone 贡献的。TrustZone 的设计思想是利用 CPU 时间片切换来模拟一个安全环境，再配合外部的安全框架和安全 OS 来执行应用。只不过在实际落地时，除部署安全 OS，TrustZone 还需要单独开发部署 TA。

- Intel：SGX

SGX 全称 Software Guard Extension，是 Intel 在 2013 年推出的指令集扩展，旨在以硬件安全为强制性保障，不依赖于固件和软件的安全状态，提供用户空间的可信执行环境。2015 年 8 月，Intel 第六代酷睿处理器 Skylake 发布，SGX 作为其重要的安全属性第一次正式发布。

SGX 是与 ARM TrustZone 截然不同的另一种机制。简单来说，SGX 是一套面向 CPU 的指令，支持应用创建一个安全区，安全区内的代码通过专门的指令启动。

SGX 将这个安全区域称为 enclave。结合 enclave 对应的中文含义——飞地，这个概念就有了很直观的理解。

SGX 支持应用程序在其地址空间单独划分出一个区域，创建一个 enclave，把需要的安全操作全部加载到 enclave 中，只有 enclave 内部的代码才能访问 enclave 所在的内存区域。一旦软件和数据位于 enclave 中，即便是操作系统也无法影响 enclave 里面的代码和数据。

enclave 的安全边界只包含 CPU 和它自身。一个 CPU 可以运行多个 enclave，enclave 之间相互独立，可以防止单个 enclave 被破坏后影响整个系统的安全性。也就是说，SGX 的整个可信机制都集中在 CPU 上，因此 SGX 的部署方式相对灵活简单，只需要在 enclave 通过代码定义即可部署应用，如图 2-15 所示。

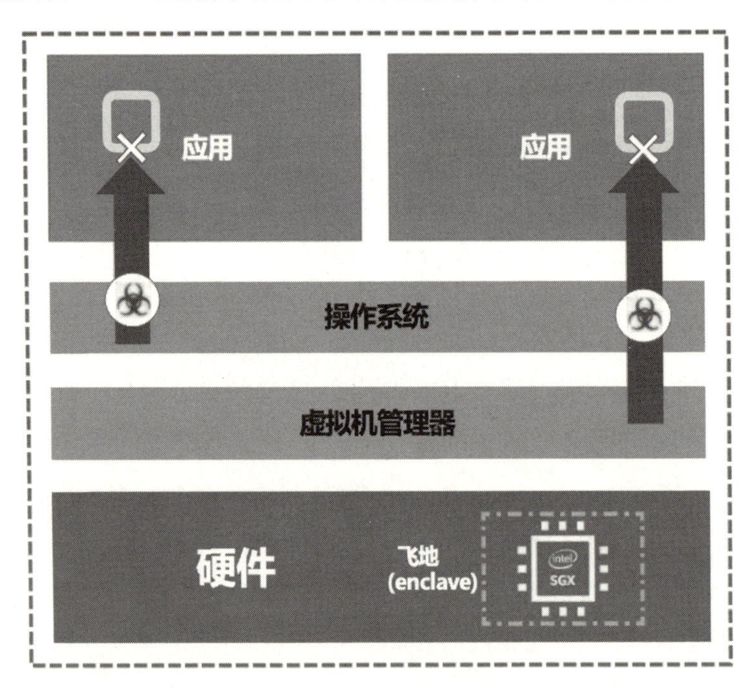


图 2-15　SGX 部署示意图

尽管如此，SGX 也存在一些不足。首先是 SGX 无法抵御侧信道攻击。enclave 只能保护其内运行的代码，这意味着不受信任的操作系统将保留服务资源管理任务，这为侧信道攻击打开了一个很大的缺口。事实上，最近的研究已经证明了一些针对 SGX 的侧信道攻击是有效的。其次是 enclave 与外部环境的交互会增大系统开销。由于 enclave 自身无法执行系统调用，需要与不可信区域进行交互。在执行系统调用前需要退出 enclave，执行完成后再将结果返回到 enclave 中，而 SGX 提供给 enclave 的可使用内存太小，当程序数量和规模增大时，需要频繁换进换出页面，导致系统开销大，也会增加过程中的安全风险。

此外，AMD 的安全加密虚拟化方案 SEV 也是比较著名的 TEE 实现方案之一，且原理与 SGX 相似，旨在加密运行在 AMD CPU 服务器上虚拟机的数据。但是 2018 年有德国研究团队提出了一个攻破方案，可以绕过 SEV，恢复加密虚拟机中的数据。另外，国内的兆芯和海光分别提出了名为 TCT 和 CSV 的可信执行环境方案，兆芯的 TCT 基于可信平台控制模块（TPCM）实现，而海光的 CSV 则是对硬件虚拟机技术的扩展。具体的技术方案，此处不再赘述，读者可以通过表 2-1 对上述 5 种方案进行简要的对比。

**表 2-1　5 种代表性的 TEE 方案对比**

| 技术方案 | TrustZone | Intel SGX | AMD SEV | 兆芯 TCT | 海光 CSV |
|---|---|---|---|---|---|
| 发布时间/年 | 2005 | 2015 | 2016 | 2017 | 2020 |
| 指令集架构 | ARM | X86_64 | X86_64 | X86_64 | X86_64 |
| 是否支持任意代码运行 | 是 | 是 | 是 | 是 | 是 |

续表

| 技术方案 | TrustZone | Intel SGX | AMD SEV | 兆芯 TCT | 海光 CSV |
| --- | --- | --- | --- | --- | --- |
| 硬件安全密钥 | 无 | 有 | 有 | 有 | 有 |
| 完整性认证与封存 | 不支持 | 支持 | 支持 | 支持 | 支持 |
| 内存加密 | 否 | 是 | 是 | 否 | 是 |
| 内存完整性保证 | 不支持 | 支持 | 不支持 | 支持 | 支持 |
| TEE 安全 I/O | 支持 | 不支持 | 支持 | 支持 | 支持 |
| 可用内存空间 | 系统内存 | 系统内存 | EPC：128M | 系统内存 | 系统内存 |
| TCB | 硬件——安全虚拟核<br>软件——Secure OS 和 TA | 硬件——CPU Package<br>软件——Enclave 内代码 | 硬件——AMD secure processor<br>软件——虚拟机镜像 | 硬件——CPU&TPCM | 硬件——海光 SME<br>软件——虚拟机镜像 |

### ➢ 可信执行环境的特点

可信执行环境通过建立隔离的安全执行空间，提供了对代码和数据的机密性和完整性保护。

作为隐私计算可信硬件流派的最主要技术方案，其特点主要体现在以下几个方面。

（1）隔离机制是 TEE 最主要的基础。实现 TEE 的过程是将设备上的软硬件资源划分成两个隔离的空间，TEE 内的代码和资源有严格的访问控制策略，外部的进程无法访问 TEE 内的资源，使得安全空间内的隐私信息无法被随意窃取。与 TEE 内部的通信只能通过特定的接口方式进行，有效防御外部的安全攻击。隔离是 TEE 的核心，但 TEE 也并没有规定隔离的实现方法，不要求基于某种特定硬件实现，也可以是软件、硬件、IP 等融合一体的安全隔离机制。

（2）验证机制保障整体安全。TEE 内执行的进程需要通过验证建立信任。能够在 TEE 上运行的应用叫作可信应用（Trusted Application，简称 TA），TA 在执行前需要做完整性验证，保证应用没有被篡改。同时，TEE 内可以同时运行多个 TA，但 TA 之间仍然是相互隔离的，未获得授权则无法随意读取和操作其他 TA 的数据。在整个应用过程中，TEE 构建了基于验证机制的信任链条，从系统启动开始逐步验证、逐级核查应用启动过程中的各个阶段的关键代码，防止未授权或被篡改的应用继续运行，完整保护系统安全。

（3）加密存储增强数据机密性。除了隔离，对于身份、密钥、证书等需要高安全保护的敏感信息，TEE 将这些存储在安全区域内，只能被已授权的 TA 访问或修改，并且 TEE 为这些敏感信息的操作处理提供了加密和完整性保护机制。同时，非安全环境下的重要信息，还可以在加密后将密钥存储在 TEE 中，增强存储的安全性。

（4）从应用上看，TEE 具备较好的通用性。TEE 的设计和架构部署相对简单，在 TEE 内可以实现任意种类的数据计算，且并不会对效率产生明显影响。

（5）TEE 也会有硬件依赖的局限性。基于对硬件的信赖，一旦硬件出现漏洞，可能反而会造成更大影响。同时，TEE 是硬件部署的形态，硬件的更新升级无法像软件一样快速便捷。

### ➢ 基于可信执行环境的隐私计算平台

图 2-16 给出了一个基于可信执行环境的隐私计算平台的参考架构。在此架构中，平台应具备任务管理服务、算法服务、任务调度与跟踪服务、TEE 计算资源等必备功能，虚线框内为平台的非必要组成部分。其中，TEE 的计算资源池可由一个或多个 TEE 计算节点构成，每个 TEE 计算节点由 TEE 计算硬件及在硬件基础上提供的远程验证、TEE 数据封存服务构成。分布式 TEE 计算节点之间由可靠的通信网络连接。

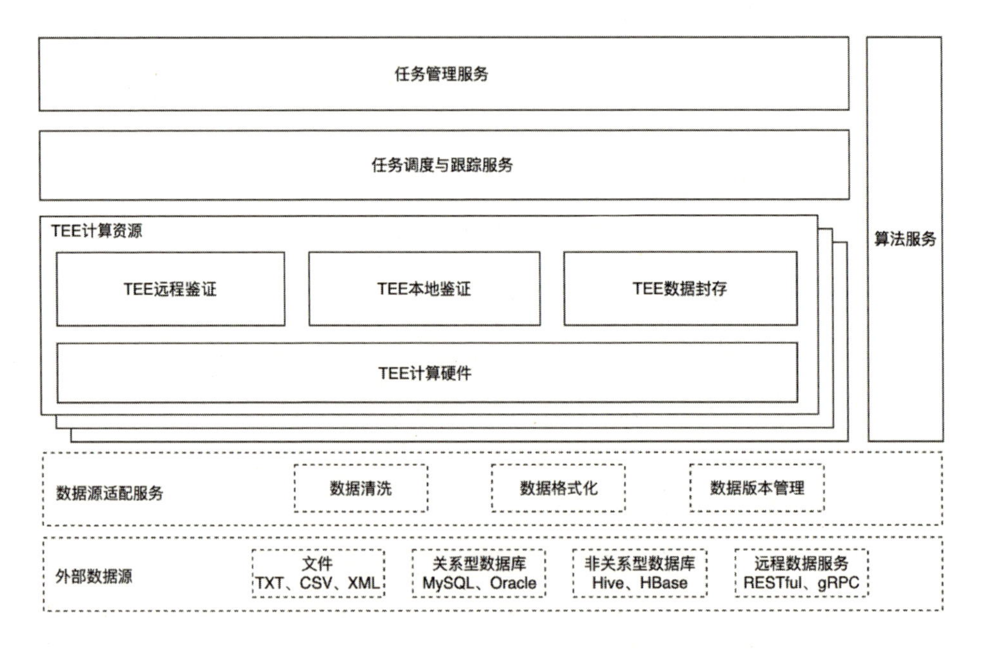


图 2-16　基于可信执行环境的隐私计算平台参考架构

当任务发起方触发一个 TEE 计算任务时，计算的执行方将对应的算法运行文件加载到 TEE 环境中，启动计算程序。数据方通过远程验证后提供计算所需的密文、任务发起方远程验证计算节点内运行环境的安全性和运行代码的完整性后提供计算参数；再由计算执行方对计算参数和数据进行一致性和完整性验证，通过后执行计算任务。

## 2.4　各类隐私计算技术的对比

前面我们从原理、类型、方案、特点等角度介绍了目前最为主流的隐私计算技术。除了原理上的差异，应用上这些技术的差异表现如何呢？

我们用一张表格把各类技术的特点总结一下，如表 2-2 所示。我们选择安全机制、性能、安全性、方案通用性、计算类型支持、是否有可信方依赖等维度进行对比，其中安全性对应的是计算过程中对抗原始数据泄露风险的能力，而方案通用性强调的是不同开发者提供的方案是否支持灵活地迁移。

**表 2-2　隐私计算主要技术方案对比**

| 技术 | 性能 | 通用性 | 安全性 | 可信方 | 整体描述 | 技术成熟度 |
| --- | --- | --- | --- | --- | --- | --- |
| 多方安全计算（MPC） | 低~中 | 高 | 高 | 不需要 | 通用性高、计算和通信开销大、安全性高，研究时间长，久经考验，性能不断提升 | 已达到技术成熟的预期峰值 |
| 可信执行环境（TEE） | 高 | 高 | 中~高 | 需要 | 通用性高，性能强，开发和部署难度大，需要信任硬件厂商 | 快速增长的技术创新阶段 |

续表

| 技术 | 性能 | 通用性 | 安全性 | 可信方 | 整体描述 | 技术成熟度 |
|---|---|---|---|---|---|---|
| 联邦学习（FL） | 中 | 中 | 中 | 均可 | 综合运用 MPC、DP、HE 方法，主要用于 AI 模型训练和预测 | 快速增长的技术创新阶段 |
| 同态加密（HE） | 低 | 中 | 高 | 不需要 | 计算开销大，通信开销小，安全性高，可用于联邦学习安全聚合、构造 MPC 协议 | 快速增长的技术创新阶段 |
| 零知识证明（ZKP） | 低 | 低 | 高 | 不需要 | 广泛应用于各类安全协议设计，是各类认证协议的基础 | 快速增长的技术创新阶段 |
| 差分隐私（DP） | 高 | 低 | 中 | 不需要 | 计算和通信性能与直接明文计算几乎无区别，安全性损失依赖于噪声大小 | 快速增长的技术创新阶段 |
| 区块链（BC） | 低 | 中 | 中 | 不需要 | 基于带时间戳的区块链式存储、智能合约、分布式共识等技术辅助隐私计算，保证原始数据、计算过程及结果可验证 | 逐渐接近技术成熟的预期峰值 |

上表给出了一个清楚直观的对比。

（1）可信执行环境的性能、通用性都明显高于其他技术，但最大的障碍是需要部署特定的硬件进行计算并信任提供硬件的厂商，而目前国内在可信硬件上的国产化明显不足。

（2）多方安全计算在保证最高安全性的同时牺牲了性能，虽然可以支持任意类型的计算，但方案本身的开发难度大。不过，近年来技术界的努力已使得性能得到明显提升。

（3）联邦学习在各方面的表现都处于中等地位，没有明显优劣势，但应用场景局限于机器学习建模上。

（4）除了上述三种代表性技术，同态加密原理简单，通用性也不差，但性能成为最大的瓶颈，特别是全同态的方案几乎难以落地。零知识证明安全性强，差分隐私性能好，但二者在适用的计算类型和场景方面有很大的局限性。

总结对比可以看出，没有任何一种隐私计算技术是完美的。应用者在选择技术方案时必须结合具体场景，分析在性能、安全性、通用性等方面的具体需求，从最核心的需求痛点入手，选择合适的技术路线。但是从现有的产业实践来看，多方安全计算和联邦学习还是受到最多关注和应用的技术方案，特别是联邦学习，在联合建模需求强烈这一现状下，开源社区的贡献使得技术开发和应用更加容易，涌现了很多技术产品的落地案例，这部分内容我们将在后文产业部分进行展开。

## 2.5　隐私计算相关的其他技术

在本章的最后，我们再来讨论一下数据脱敏、区块链等时常伴随隐私计算一起出现的相关技术，希望补全大家脑海中对隐私计算技术理解的最后一块拼图。

➢　**隐私计算 vs 数据脱敏**

数据脱敏是指对敏感数据通过脱敏规则进行变形，从而实现对敏感数据保护的过程。这个概念我们在第 1 章列举“兼顾隐私保护和数据利用的方式对比”时也有提到。数据脱敏技术的主要思想是通过按照特定算法对数据进行变形转换，以降低数据的敏感程度，扩大数据可共享和被使用的范围。一般脱敏算法有加解密、掩码、替换和模糊等。

从实现目标上看，数据脱敏和隐私计算均属于保护数据安全的技术方案，但两种技术在对于数据应用的目标和过程上仍有差别。隐私计算是希望完成计算，但不把数据给出去；而数据脱敏则是为了把数据给出去，必须提前降低敏感程度。

对于数据流通产业实践来说，隐私计算和数据脱敏都是十分关键的技术，可以在不同的环节配合使用以解决不同的问题。

在数据流通的产业实践中，个人信息的流通与应用颇受关注。原始的个人信息是不能直接参与交易的，但跨领域跨机构间仍有强烈的个人用户数据融合应用需求，主要用以提升服务和改进业务。现有的很多隐私计算联合建模场景都是企业间针对个人用户进行联合风控和精准营销。但是隐私计算并没有解决应用过程中的核心问题。目前，我国对于个人信息保护的最核心监管要求是“匿名化”，要求对个人信息处理之后，使得个人信息主体无法被识别。而数据脱敏就是实现数据匿名化处理的有效途径。应用静态脱敏技术可以保证数据对外发布不涉及敏感信息，同时在开发、测试环境中，保证敏感数据集本身特性不变的情况下，能够正常进行挖掘分析；应用动态脱敏技术可以保证在数据服务接口能够实时返回数据请求的同时杜绝敏感数据泄露风险。因此，在现有的实践中，大多是参与方应用脱敏后的数据作为隐私计算的输入，以此应对合规要求。这一点，我们也将在第 6 章继续讨论。

### ➢ 隐私计算 vs 区块链

区块链是建立在互联网之上的一个点对点的公共账本，由区块链网络的参与者按照共识算法规则共同添加、核验、认定账本数据。网络中每个参与者都拥有一个内容相同的独立账本，且账本数据是公开透明的。区块链融合了加密技术和共识机制，实现了以下特点。

（1）去中心化：在区块记录生成过程中，区块链参与方的权利和义务平等。去中心化同时也是多中心化，即在部分节点失效，甚至恶化的情况下，仍能保证区块链的正常运行。

（2）自信任：区块链所有节点之间无信任也可以进行交互。因为区块链账本的存储是多副本的，合约执行和记录添加基于公开的机器代码和共识机制，所以其节点的任何行为都是可预期的。

（3）防篡改：已生成的区块链记录由全体成员共同保存。而且任何节点的本地账本都自动与共识版本对齐。在一定的规则和时间范围内，区块记录的更改行为都是不可实现的。

从技术原理上看，区块链和隐私计算都融合了密码学理论以增强安全，而从功能实现上看，区块链和隐私计算是相对独立的，二者针对的问题不同。隐私计算侧重实现数据流通过程中的安全合作与交互，而区块链去中心化的部署方式，结合密码学和共识机制保证了区块链数据极强的公信力，匹配的是数据流通在权益分配、追溯审计和透明度等方面的需求。

虽然区块链和隐私计算功能特点不同，但却能巧妙互补。结合隐私计算，区块链可获得数据保密能力，增强数据在链上全节点流转过程中的安全性；而借助区块链，通过隐私计算的过程数据和关键计算环节等信息上实现存证回溯，将有力提升隐私计算任务的可验证性。

在 2020 年数据流通与隐私计算热潮开启的同时，隐私计算和区块链也成了一对热门 CP，“隐私计算+区块链”、“区块链辅助的隐私计算”、“隐私计算增强的区块链”等概念开始频繁出现。两个技术之间的结合将成为最主要的发展方向。

作为数据流通领域的关键技术，隐私计算发展如火如荼。但隐私计算并不能一蹴而就地解决制约数据流通相关的所有问题，毕竟没有哪项技术是全能而完美的。术业有专攻，不同的技术方案有各自的用武之地（如表 2-3 所示），数据脱敏、区块链等相关技术也会在数据流通领域中得到应用，跟隐私计算协调配合，共克数据流通难题。

表 2-3　隐私计算与相关技术的对比

| 技术类型 | 隐私计算 | 数据脱敏 | 区块链 |
| --- | --- | --- | --- |
| 原理概述 | 基于密码学、可信硬件等技术实现数据流通过程中的可用不可见 | 利用特定脱敏算法改变数据形态，降低敏感程度 | 基于共识机制和密码学机制建立点对点的分布式账本 |
| 技术特点 | 输入隐私性、计算正确性 | 实现方法多样 | 去中心化性、自信任性、防篡改性 |
| 应用场景 | 多方数据融合、数据交互 | 数据对外服务、数据开发、数据挖掘等 | 数据的声明发布、授权使用等 |
| 技术优势 | 既能充分实现数据持有节点间互联合作，又可保证秘密的安全性 | 可应对监管中的匿名化需求 | 提升数据流通中的透明度，增强参与方之间的信任 |
| 存在问题 | 计算性能损失 | 数据脱敏程度与可用度需要平衡 | 安全性仅限于区块链本身，无法抵抗未授权访问带来的数据泄露 |

# 第3章　隐私计算的算法应用

隐私计算是涵盖众多学科的交叉融合技术，其联合多个数据实体，在保证安全和隐私性的同时，完成对数据的计算和分析任务。上一章节中，我们分别介绍了以多方安全计算为代表的基于密码学的技术、以联邦学习为代表的人工智能与隐私保护技术融合衍生的技术，以及以可信执行环境为代表的基于可信硬件的隐私计算等几大主流技术。那么这些技术擅长解决什么问题，它们应该怎么用？本章我们将从算法的应用角度，带领大家继续探索各种“隐私计算技术”都有哪些“应用特长”。

隐私计算发展至今，以不同技术为基础，已演化出丰富的算法应用场景。这些应用往往为了实现特定的计算目的而组合使用多种隐私计算技术，更直接用于实际生产。例如，使用隐私计算可解决联合查询、联合统计、联合建模、联合预测等应用场景下的诸多数据隐私与安全问题。

## 3.1 联合查询

联合查询是一类多方数据集隐私求交与融合，支持数据集内容和数据集规模的隐私保护方法。通过联合查询能够实现隐私保护数据检索，包括多检索条件和多返回结果，同时可以保证检索条件隐私性和返回结果的隐私性。利用密码学技术能够实现隐私数据联合查询的功能，保护查询过程中查询方查询条件的隐私性和数据方除查询结果外的数据隐私性。下面简要介绍通过算法协议实现联合查询与通过可信硬件实现联合查询的两种方案。

### ➢ 算法协议实现联合查询

从算法协议实现来看，联合查询常基于多方安全计算设计方案，用于黑名单查询、多头借贷、广告推荐等场景。根据查询方对数据查询的不同需求，可将联合查询分为三类：第一类是查询方只和数据方进行隐私集合求交（Private Set Intersection，PSI）；第二类是查询方除了知道和数据方交集，还需要获得交集元素对应的额外信息，即隐私信息检索（Private Information Retrieval，PIR）；第三类是数据方根据查询方提供的多个检索条件返回查询结果，即安全 SQL 查询。

（1）隐私集合求交（PSI）

PSI 是指参与者使用各自的数据集计算交集，但不会泄露交集以外的任何自身数据，其中交集结果可由一方或多方获得。图 3-1 给出的是两方 PSI 的示意图，两个数据方在保护自身数据隐私的前提下寻找两方数据的交集，在协议结束时，其中一方或两方得到正确的交集内容。PSI 技术广泛应用于黑名单共享、营销匹配、安全基因检测、通信录查询等场景。

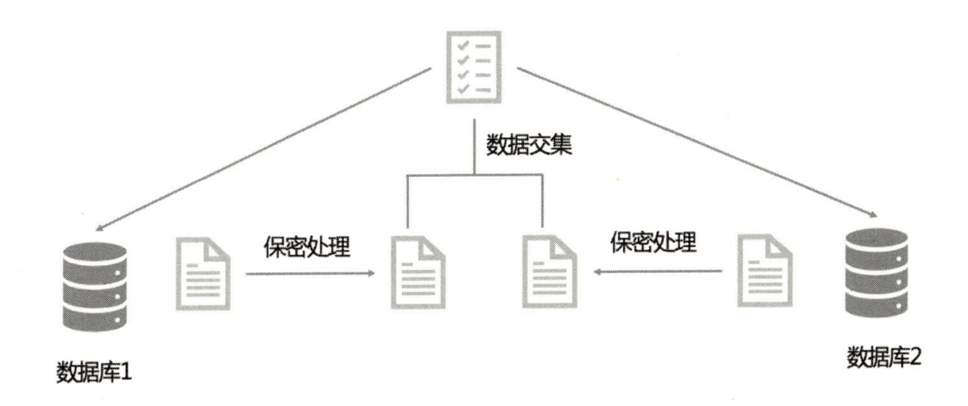


图 3-1　两方 PSI 模型示意图

PSI 的技术路线主要包括：公钥密码体制、（逻辑、算术）电路、不经意传输协议（OT）和基于可信第三方计算等。

- 基于公钥密码体制的 PSI

1986 年，Meadows 提出了使用 Diffie-Hellman 密钥协商来构建 PSI 协议，该协议可以看作 Diffie-Hellman 密钥协商协议的简单应用。主要用于双方在保护输入隐私的前提下验证各自输入的匹配度。由于该方案需要双方执行多次的模指数运算，计算代价昂贵。De Cristofaro 与 Tsudik 在 2010 年提出了一种使用盲签名的 PSI 协议，该协议基于 RSA 公钥体系，原理相对简单，但其计算和通信复杂度随集合的大小线性增长，因此效率也不高。

基于公钥体制的方案除了转换匹配空间，还有学者研究运用多项式的特殊性质，将输入集合元素看作多项式的根，以此建立函数映射关系来构建 PSI 协议。感兴趣的读者可以通过参考文献来获知更多内容。

- 基于电路的 PSI

PSI 作为多方安全计算的一类特定应用问题，理论上将该问题转换成逻辑（或算术）电路就可以使用通用多方安全计算技术求交集。但是整个电路的门数和深度都很大，计算和通信效率较低，学者们也在不断地探索和优化。例如，2011 年，Huang 等人提出了几种可以用来实现 PSI 的布尔电路，测试结果表明他们的方案在安全参数上有很好的扩展性。Pinkas 等人提出通过散列表的方式优化上述布尔电路的方案。2018 年，Ciampi 等人又给出了比 Pinkas 等人的优化结果拥有更好性能的基于两方安全计算的 PSI 协议。

- 基于 OT 的 PSI

基于 OT 构建 PSI 协议是最近几年发展比较快的技术路线，目前已经能够快速完成上亿规模的交集计算，达到工业级应用水平。由于在计算过程中涉及大量的 OT 协议，扩展 OT 协议（OT extension）的出现大幅提升了计算性能，从而提升了 PSI 的效率。2013 年，Dong 等人提出了使用布隆过滤器和 OT 扩展协议的 PSI 协议，使可处理的集合数量首次突破亿级规模。2016 年，Rindal 和 Rosulek 在 Dong 等人的方案基础上改进，给出了第一个恶意模型下安全的 PSI 协议，该协议可以在约 200 秒的时间内计算出两个百万级集合的交集。同年，Kolesnikov 等人提出基于 OT 扩展协议的不经意伪随机函数（Oblivious Pseudorandom Functions，OPRF），成为基于 OT 的 PSI 协议的主要方向。次年，该团队又结合 OPRF、差值多项式等技术实现了不经意可编程伪随机数函数（Programmable Oblivious Pseudorandom Functions - OPPRF）优化 PSI 协议效果，感兴趣的读者可以通过文献获取更多内容。

- 基于可信第三方的 PSI

近两年，借助可信第三方构建 PSI 方案也是一种新的技术路线，PSI 的效率通常会很高。例如，2019 年，百度发布了基于可信执行环境的 PSI 技术方案，PSI 在以 Intel SGX 技术为基础提供的可信硬件环境解密后再执行计算，具有显著的性能优势并且容易支持多方 PSI。图 3-2 给出了 MesaTEE PSI 和一些高性能的传统 PSI 的性能对比，其中横轴表示求交集合的大小，纵轴表示求交所需时间。从图中可以看出，相比其他几类传统 PSI，MesaTEE PSI 的性能高出 60 倍以上。

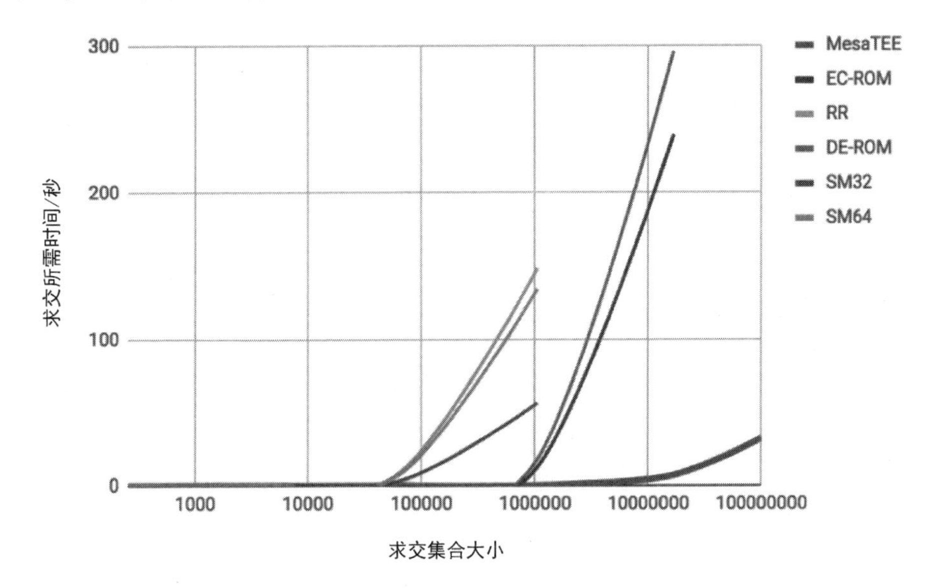


图 3-2　MesaTEE PSI 与传统 PSI 的性能对比

另外还有基于云辅助的 PSI 方案，感兴趣的读者可自行查阅资料。这些方案PSI 的效率通常会很高，但是由于有可信第三方的存在，信任成本较高，而且这类方案基本很难抵抗合谋攻击。

（2）隐私信息检索（PIR）

在现实中，PSI 往往是不够的，有时还需要获得交集元素对应的额外信息，比如对应的工资收入、负债信息等。1995 年 Chor 等人提出 PIR 的概念，可以弥补 PSI 的不足。具体地，PIR 是查询方从数据方进行数据检索的一种方法，在信息检索过程中数据方无法获知查询方检索的具体信息。从定义可以看出，最初的 PIR 只关注查询方的隐私安全，对于需要同时保护查询方和数据方的 PIR 称为对称的 PIR（Symmetric PIR, SPIR）。

根据数据方副本个数的不同，PIR 技术主要分为单副本 PIR 和多副本 PIR 两类。尽管多副本 PIR 可以达到信息论安全，但是需要假设这些数据副本之间不能共谋，这在实际应用中很难满足。因此应用更多的是单副本 PIR，虽然单副本 PIR 只能达到计算安全。图 3-3 是单副本 PIR 示意图，查询方将需要查询的数据下标 $i$ 通过函数 $q(\ )$进行隐藏，数据方返回数据集 $s$ 与查询请求 $q(i)$的运算结果 $r(s,q(i))$，查询方对收到的查询结果 $r(s,q(i))$进行相应计算，即可恢复所查询的数据 $s_i$。

在图 3-3 中需要注意的是，查询方必须知道想要查询的内容在数据方的具体位置（比如 $i$）。但是在现实中，查询方往往不知道想要查询的内容在数据方的具体位置。比如查询方想要查询某个身份证号对应的收入信息，查询方很难知道这个身份证号在数据方的具体位置。所以 PIR 方案还应支持关键字查询。总而言之，一个实用的 PIR 方案应该是对称的、单副本的，且能支持关键字查询，往往要借助不经意传输、秘密共享、同态加密等技术，并通过增加数据方的计算开销来实现对通信开销及查询速度的优化。

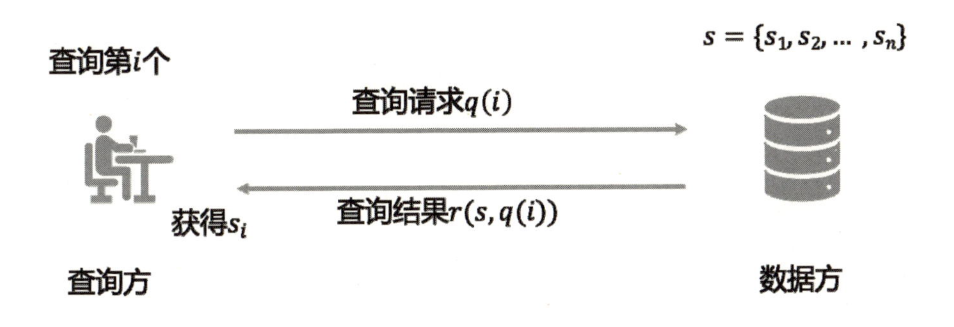


图 3-3　单副本 PIR 示意图

（3）安全 SQL 查询

除了上面两小节介绍的联合查询场景，基于 SQL 语句的查询也是联合查询的重要场景，称为安全 SQL 查询。和传统的 SQL 查询不同，安全 SQL 查询的 SQL 语句由查询方掌握，查询的内容由数据方掌握。所以安全 SQL 查询不仅要保护数据方的隐私安全，也要保护查询方（SQL 语句）的隐私安全。由于 SQL 语句灵活多样，可以使用多方安全计算、同态加密、机密计算等技术来实现支持自定义和隐私保护的 SQL 数据库查询，最大程度保护数据和 SQL 语句的安全。下面举个例子来说明安全 SQL 查询。

假设数据方的数据包含（ID，年龄，年收入）三个特征，查询方的 SQL 查询语句是“select ID where 年龄>30 & 年收入>10 万”，即查询方想要数据方返回年龄超过 30 岁且年收入大于 10 万的 ID，同时查询方并不想让数据方知道查询条件，数据方也不想让查询方知道其他 ID 或其他信息。对于一个固定的 ID，假设通过比较大小的协议可以让查询方和数据方分别获得 $u_1$ 和 $u_2$，满足 $u_1+u_2=0$ 或 1。其中 $u_1+u_2=0$ 表示该 ID 不满足查询条件；$u_1+u_2=1$ 表示该 ID 满足查询条件需要将该 ID 返回给查询方。那么（1）查询方使用加法同态密码对 $u_1$ 加密，即 $\mathrm{Enc}(u_1)$，并发送给数据方；（2）数据方计算 $\mathrm{ID}\cdot\mathrm{Enc}(u_1)+\mathrm{ID}\cdot u_2=\mathrm{Enc}(\mathrm{ID}\cdot(u_1+u_2))$，并把该密文发送给查询方；（3）查询方解密得到明文：明文为 0 则丢弃，不为 0 就是满足查询条件的 ID。

不难看出，在这个过程中既保护了查询方 SQL 语句的隐私安全，也保护了数据方的隐私安全。

➢ **可信硬件实现联合查询**

可信执行环境（TEE）等基于可信硬件的隐私计算技术，由于其原生具备计算隔离、过程加密及计算度量的功能被单独或与其他算法结合用于联合查询场景。

以用户画像标签补全的联合查询为例，查询方为了补足数据的用户画像标签，支撑各类场景应用，会寻求多个外部数据源进行合作。各外部数据源为了保护本方数据的安全及符合数据不出域的监管要求，会将查询数据注入本方域内的代理 TEE 内，然后通过 TEE 间加密信道“汇聚”到查询 TEE 中。由查询 TEE 内的画像标签补全算法产生补全结果，并只把补全结果对外输出给查询方，而 TEE 内的数据随着本次查询任务的结束就地销毁。

需要说明的是，查询 TEE 内的标签补全算法及数据就地销毁的逻辑，都是经过多方联合审查及配合 TEE 远程认证机制来保证其不可篡改的。通过这种“即查即算即销毁”的方式，查询方查询到的数据只存在于 TEE 中，无法对数据进行沉淀，实现数据方数据的使用权与所有权分离。

## 3.2 联合统计

### ➢ 联合统计概念

联合统计是指对多个不同实体的数据集共同进行统计分析，以解决单个实体样本不足、分布不均无法为数据分析和挖掘提供可信结果等方面的问题。其应用场景和需求较为广泛，如多机构间联合研究前期的可行性分析、回顾性分析；深入研究中的联合数据挖掘；联邦学习过程中特征工程等。联合统计任务常常涉及样本统计分析和特征统计分析。

在样本统计分析中，需要通过单个特征或多个特征组合对全局或部分数据计算集中趋势、离散程度、数据分布、基本统计图形等统计指标，统计分析场景下联合统计特征分类如表 3-1 所示。

表 3-1 统计分析场景下联合统计特征分类

| 统计特征 | 常见指标/方法 |
| --- | --- |
| 集中趋势 | 均值、中位数、众数、分位数 |
| 离散程度 | 方差、标准差、最大值、最小值 |
| 数据分布 | 偏度、峰度、F 检验、Shapiro-Wilk 正态性检验、Kolmogorov-Smirnov 正态性检验、Wilcoxon 秩和检验等 |
| 回归分析 | 线性回归、逻辑回归、Cox 生存回归等 |
| 统计图形 | 直方图、条形图、饼图、折线图 |

对于特征统计分析，因为在联邦训练之前往往需要对特征之间的关系进行分析，涉及连续型数据的主要包括相关性分析，涉及离散型数据的主要包括变量交集、特征交集等，共同特征主要为独立同分布特征（IID）。联邦学习场景下多变量联合统计特征分类如表 3-2 所示。

表 3-2 联邦学习场景下多变量联合统计特征分类

| 数据类型 | 特征 | 常用指标/方法 |
| --- | --- | --- |
| 连续型数据 | 相关性 | Person、Spearman |
| 离散型数据 | IID | 卡方检验、KS 检验、Fisher 检验，McNemar 检验 |
| | 交集 | 变量交集、特征交集 |

> 安全联合统计

上一小节描述的联合统计场景，首先需要保护各参与方的数据不被其他参与方获取，即安全联合统计，涉及的问题主要有数据传输和联合计算。

（1）数据传输

联合统计尽量避免原始数据的传输，传输的数据一般为计算结果或中间值。联合统计过程中，不涉及其他方数据的，可在本地直接计算得到结果，然后将结果传输给需要该特征的其他参与方，如在用户联合的情况下，最大值、最小值、方差等的计算均可单方完成。而对于部分联合统计过程，可通过公式拆解，各方完成部分数据的计算后，传输给其他方，或者可信第三方进行整合得到最终结果。如特征联合时的计数、均值、方差等计算。

在传输过程中，为了保证参与方数据不被参与方之外的其他方获取，使用秘密共享，不经意传输、混淆电路等多方安全计算协议对数据进行密态处理，从而保护传输过程中数据不被第三方获取。数据传输示意图如图 3-4 所示。

图 3-4　数据传输示意图

（2）联合计算

在需要多方数据共同参与计算以获得联合统计时，需保护数据不被未参与方获取，故而该计算过程可选择在可信硬件中进行。例如安全屋、可信执行环境（TEE），也可选择一个可信第三方，由第三方完成联合计算，或者多方构成一个网络进行联合计算。

但是参与方往往并不希望其他方或是第三方获取自己的具体数据或特征。在这种情况下，使用同态加密技术，参与方可以在密文上完成计算而无法得到其他方原始数据，且计算结果只能由掌握私钥的一方获得，可以最大程度保护各方数据。

在对数据精度要求不高时，应用差分隐私也是一种可选的方法，该方法通过对数据加噪，以达到原始数据无法被解析的效果，但是也会导致最终结果有一定的误差。

## 3.3 联合建模

联合建模是隐私计算的重要应用场景，在金融、电信、互联网、政务、医疗等领域有广泛应用，目的是联合多个数据实体来扩充样本数量或丰富特征维度，训练出效果更好的模型。联合建模通常使用联邦学习或多方安全计算等技术，确保在训练过程中不泄露原始数据、梯度、模型参数等敏感信息。目前也有技术方案将联邦学习与 TEE 结合，基于 TEE 机密计算的能力加固联合建模时中心计算方的安全性和可信性，提供中心计算方的计算一致性证明，确保中心计算方计算逻辑符合预期且没有被恶意篡改，从而提高联邦学习系统对恶意攻击模型的防御能力。

联合建模支持的常见算法包括逻辑回归（Logistic Regression，LR）、梯度提升决策树模型（Gradient Boosting Decision Tree，GBDT）和神经网络（Neural Network，NN）等。下面以几种逻辑回归算法为例详细介绍联合建模的原理和流程。

### ➢ 传统逻辑回归算法

传统逻辑回归算法是一种常见的用于解决监督学习问题的学习算法，一般用于二分类问题。其数学表达式（1）和损失函数（2）如下。

$$h_\theta(x) = \frac{1}{1+e^{-\theta^T x}} \tag{1}$$

$$\operatorname{loss}(\theta) = -\frac{1}{m}\sum_{i=1}^{m}\left(y^{(i)}\log\left(h_\theta(x)\right) + \left(1-y^{(i)}\right)\log\left(1-h_\theta(x)\right)\right) \tag{2}$$

LR 的基本原理是通过计算梯度来更新模型参数 θ，使得损失函数的值尽可能小。

对于 LR 的联合建模，其关键是在不泄露参与方原始数据的前提下联合计算梯度，分为横向和纵向两种不同的实现方式。

### ➢ 横向逻辑回归算法

在横向逻辑回归训练阶段，各参与方首先初始化相同的模型参数，然后利用各方本地数据分别进行训练，学习训练过程由 4 个步骤组成。

（1）各方在本地训练得到模型梯度，并使用同态加密或差分隐私等加密技术，对梯度信息进行掩饰得到加密梯度，并将其发送给聚合服务器；

（2）服务器进行安全聚合操作，如根据各方样本数量，使用基于同态加密的加权平均；

（3）服务器将聚合后的结果发送给各参与方；

（4）各参与方对收到的梯度数据进行解密，并将解密后的结果更新到各自的模型参数。

上述 4 个步骤会持续迭代进行，直到损失函数收敛（小于指定损失或损失减小到不再变化）或迭代达到最大上限次数或训练达到上限时间。图 3-5 是横向逻辑回归训练流程图。

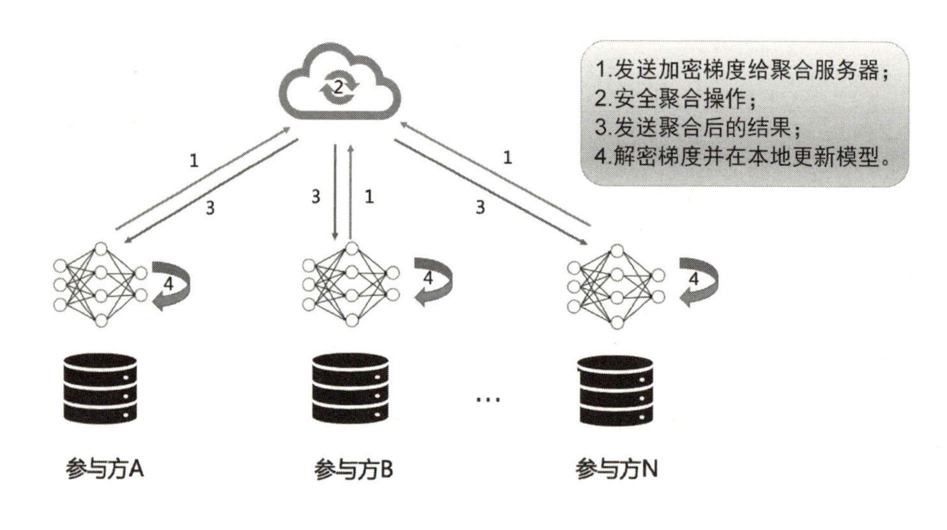


图 3-5　横向逻辑回归训练流程图

### ➢ 纵向逻辑回归算法

由于纵向逻辑回归中样本的特征由不同的参与方掌握，所以在进行联邦模型训练之前需要使用 PSI 技术进行样本对齐[1]。此外与横向逻辑回归不同的是，在训练

---

1 PSI 技术见第 3 章 3.1 小节，这里不再描述样本对齐的细节。

过程中梯度无法本地计算，需要参与方共同计算，具体步骤如下。

（1）协调者创建密钥对，并将公共密钥发送给参与方 A 和 B。

（2）参与方 A 和 B 对中间结果进行加密和交换，中间结果用来计算梯度和损失。

（3）参与方 A 和 B 计算加密梯度并分别加入附加掩码。B 方还会计算加密损失。A 方和 B 方将加密结果发送给协调方 C。

（4）协调者 C 方对梯度和损失信息进行解密，并将结果发送回 A 方和 B 方。A 方和 B 方解除梯度信息上的掩码，并根据这些梯度信息来更新模型参数。

图 3-6 是纵向逻辑回归训练流程图。

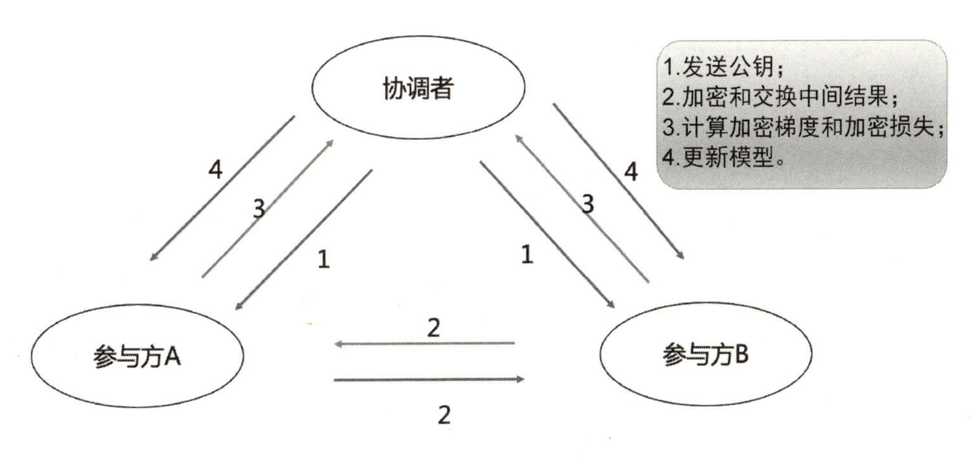


图 3-6　纵向逻辑回归训练流程图

值得注意的是，尽管上面两小节介绍的横向和纵向的逻辑回归算法在训练过程中都存在中心化的服务器，但是在具体实现中也存在去中心化服务器的方案。

## 3.4 联合预测

当联合建模完成之后，各参与方可能只掌握部分模型或模型参数的秘密碎片，尤其是纵向联合建模的场景；还有一个场景是一方拥有完整模型，一方拥有样本数据。这些场景进行预测时都需要各方参与，因此联合预测既要保证参与方的数据安全也要保证参与方的模型安全。下面仍然以两方、纵向 LR 为例对联合预测进行说明。

假设参与方 A（预测任务发起方）、B 掌握的模型系数分别为 $\theta_A$ 和 $\theta_B$，对应的特征为 $x_A$ 和 $x_B$，那么参与方 A、B 通过计算

$$h_\theta(x_A, x_B) = \frac{1}{1+\mathrm{e}^{-(\theta_A^T x_A + \theta_B^T x_B)}} \tag{3}$$

来对样本进行预测，具体步骤如下。

（1）参与方 A 给参与方 B 发送需要预测的样本 ID。

（2）参与方 A 和参与方 B 分别计算 $\theta_A x_A$ 和 $\theta_B x_B$。

（3）参与方 B 将 $\theta_B x_B$ 发送给参与方 A。

（4）参与方 A 根据上面的公式获得样本 ID 的预测值。

在这个过程中，参与方 A 需要将样本 ID 发送给参与方 B，泄露了样本 ID 的信息。在有些场景中，参与方 A 可能并不希望参与方 B 知道样本 ID 的信息，比如参与方 A 是借贷机构，他并不想让对方知道该 ID 有借款需求，那么就需要使用 PIR 技术来隐藏 ID 信息。

另外，如前面章节提到的，无限制、甚至恶意地使用联邦模型进行推理可能造成模型参数、样本数据的泄露。所以需要控制模型和样本的用法用量，或者采用更安全的密码学技术（如秘密共享等），来降低联邦推理过程中生产要素的泄露风险。

除了安全性的需求，对线上和线下联合预测的延时性也有不同的要求。对于延时性要求比较高的线上预测，应尽量降低预测过程中的通信轮数和计算的复杂程度，也可以适当降低安全需求。

# 第4章　隐私计算的应用场景

当前隐私计算应用主要集中在数据驱动的金融、互联网领域和拥有大量数据源和数据流通需求的医疗、政务领域，同时跨机构、跨行业应用需求强烈，目前应用集中在联合营销、联合风控、智慧医疗、电子政务等场景。本章将在上一章的基础上，结合场景来具体谈一谈隐私计算当前的主要应用。需要指出的是，目前隐私计算的应用还处于初级阶段，主要以试点探索为主，大规模、大数据量的应用还比较罕见，未来是否会得以大面积推广，我们也拭目以待。

## 4.1　联合风控

联合风控是隐私计算在金融领域的一个重要应用场景。近几年，金融机构将大数据和人工智能技术广泛应用于多方联合的智能风控场景。一般而言，用户在本机构的金融业务数据难以满足金融风控的需求，并且存在不同机构间数据分散的问题，同时政府陆续出台了数据隐私保护相关的法律法规，使得金融机构之间、金融机构与其他行业机构之间的数据无法打通，形成“数据孤岛”，出现一系列信息不对称、风险识别不精准、融资成本高等问题。通过联邦学习、多方安全计算、可信执行环境等隐私计算技术，可以有效打破数据孤岛，实现跨机构间数据价值的联合挖掘，更好地分析客户的综合情况，交叉验证交易真实性等业务背景，降低欺诈及合规风险，从而综合提升风控能力。

隐私计算在金融领域的落地应用众多，本章将通过几个具体案例，分析如何使用隐私计算技术打破机构间的数据壁垒，并利用隐私计算平台提升金融产品的能力，以期“窥一斑而知全豹”。

## ➢　案例一　针对小微企业的信贷风控

### 案例描述

近年来金融欺诈的问题愈发严重，涉及金钱和服务的商业模式（通信、保险、贷款、信用卡申请等多领域）都存在受到欺诈攻击的风险。针对金融诈欺问题，金融机构通常利用基于反欺诈规则模型或是基于反欺诈机器学习模型来预警，这两种方式都是从历史案例中发现金融欺诈时重复出现的个体行为模式。但随着时间不断演化、发展和反欺诈技术的进步，金融欺诈有通过团伙有组织进行的趋势。市场急需新技术来对传统反欺诈技术进行补充。

上海富数科技有限公司利用多方安全图计算技术提供了全新的反欺诈分析手段。通过多方安全计算技术，确保各方原始数据在不出域的基础上，形成融合的关系网络，并基于此建立有监督和无监督反欺诈模型，对用户和企业欺诈风险进行识别；通过融合关系网络的异常监测和离群行为预警等技术手段作为补充，实现全方位的欺诈风险预警。以此建立群体风险模型，并部署针对性的监测规则，强化金融机构风险防控能力。

技术方案

本案例从中小微企业融资场景切入，通过基于图计算和多方安全计算的多方安全图计算技术，在保护各自数据的条件下，实现银行和运营商各自的关系图谱数据的融合，完整刻画客户集群全貌，准确识别企业集群背后的复杂关系链条及欺诈风险，助力银行对中小微企业的精准贷款投放和集群风险管控，提升金融机构风险防控能力及客户的贷款体验。多方安全图计算技术逻辑如图 4-1 所示。

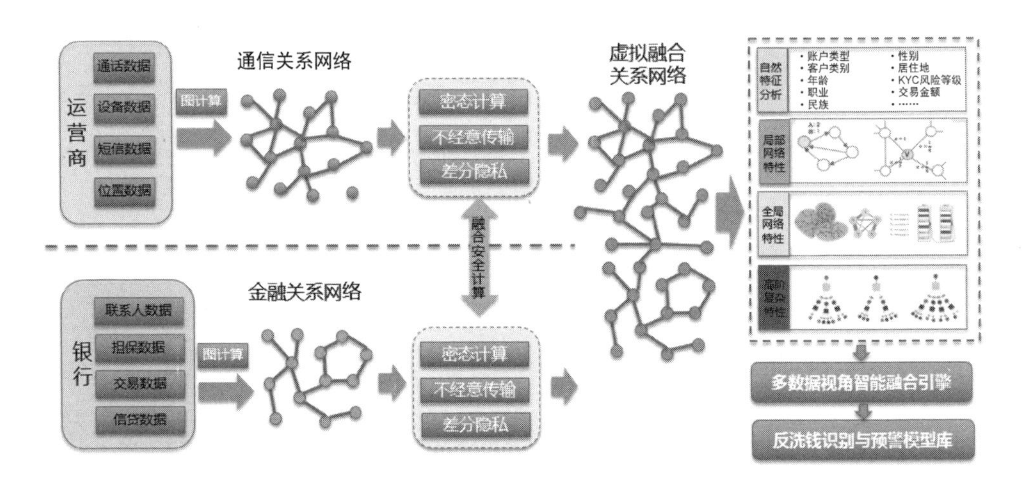


图 4-1 多方安全图计算技术逻辑图

本案例严格遵循中国人民银行“用户授权、最小够用、全程防护”的数据治理原则，技术细节如下。

（1）在数据采集时，通过隐私政策文件等方式明示用户数据采集和使用的目的、方式及范围，获取用户授权后再进行采集；在数据使用时，借助标记化、加密等技术，在不归集、不共享原始数据的前提下，仅向外提供脱敏后的计算结果；在数据存储时，通过不可逆加密等技术将原始信息进行脱敏，并与关联性较高的敏感信息进行安全隔离、分散存储，严控访问权限，降低数据泄露的风险。

（2）在应用层面，本项目将图计算和多方安全计算技术进行有机结合，建立融合关系图谱，探索形成“多方安全图计算”融合技术，提升多方安全计算的适配性、精准性。

- 通过融合图计算和多方安全计算技术，在确保各方原始数据不出域的基础上，将银行内部数据源与政府、电信等外部数据源融合，打破现有数据壁垒，构建安全、高效的风控平台，提升银行整体的风控水平。
- 通过对参与方数据进行拓扑图分析，从单点式向集群性银行风险防控技术演进，解决信息不对称、计算结果不准确等问题，实现银行风控模型精准化。
- 通过银行与运营商所建立的融合关系图谱，识别出企业集群背后的复杂关系链条，为机构风险防控提供线索和依据。
- 通过银行提供的欺诈个体数据库与电信运营商关系网络相结合，识别出高危客户群体，进行主动分析和探查，有效规避欺诈风险。
- 通过建立群体性欺诈开户风险模型，部署相应的监测规则，识别金融欺诈团伙，预警群体性客户的联合欺诈风险。

（3）方案以风控平台为支撑，运用大数据将数据计算分析部分替代烦琐的线下调查工作，通过线上系统初审、线下实地核实的方式优化银行的中小微企业贷款审批风控流程，提升银行普惠金融的时效性、便捷性和安全性。

- 通过将多方安全图计算等技术作为开户真实性意愿审核的辅助手段，达到身份核验手段多元化的效果，可视作纸质材料、现场走访审核的有效补充。
- 通过大数据、人工智能等技术手段，依托行内外多维度数据，通过“标准化产品、数字化风控、集中化运营”为小微企业提供专属的线上融资服务，满足客户差异化融资需求。
- 通过将客户电信网络信息与申贷信息进行交叉比对分析和联合建模，精准防范和打击伪冒申贷等扰乱金融秩序的行为，营造健康的金融普惠生态。

价值分析

本案例旨在为银行和运营商构建联合风控平台，打造线上线下一体化的中小微企业融资服务。本案例中的方案通过数据融合应用，结合风控平台的结果，为客户鉴权、增信，运用在线金融工具实现信贷业务申请、审批、签约的线上接口服务，为银行企业用户提供全天候的应用服务，同时采取多种措施保护银行客户信息的隐私性和安全性。

同时，上述方案扩大了银行的融资服务半径，提高了融资服务精度；提升了中小微企业的融资体验及普惠金融便利性，有效缓解了中小微企业融资难问题，助力中小微企业复工复产。

### ➢ 案例二　身份信息核验与保护

案例描述

银行数字化转型以客户为中心，以数据为基础，在人脸识别业务场景中，综合运用新技术，搭建企业级生物识别技术平台，在支撑银行智能化升级转型的同时，对银行客户服务进行数字化创新和再造，增强金融服务供给能力，提升客户服务体验满意度。但与此同时，生物特征等个人信息泄露导致了过渡营销、欺诈等侵害消费者权益的事件，引发客户对采集个人生物信息的担忧。

中国工商银行软件开发中心基于企业级多方安全计算和生物识别平台，研发了上线隐私保护人脸识别开放接口服务，向生态合作方输出具备人脸隐私保护能力的人脸识别技术，为智慧餐饮等合作方提供了安全可靠的人脸识别解决方案，解决了合作方在运营管理、考勤、权限管理等流程中的伪冒越权、替班造假、智能化水平低等痛点，赋能合作方生态。

技术方案

以智慧餐饮场景输出隐私保护的人脸识别开放接口服务为例，中国工商银行软件开发中心基于多方安全计算技术，构建支持交易隐私保护、隐私查询、联合统计等场景的多方安全计算平台。合作方机构通过调用平台开放接口服务，可以在确保自身用户数据不泄露给对方的前提下，不投入大量的软硬件资源建设成本，便可快速构建自己的人脸识别认证体系。多方安全计算平台技术逻辑与方案设计如图 4-2 所示。

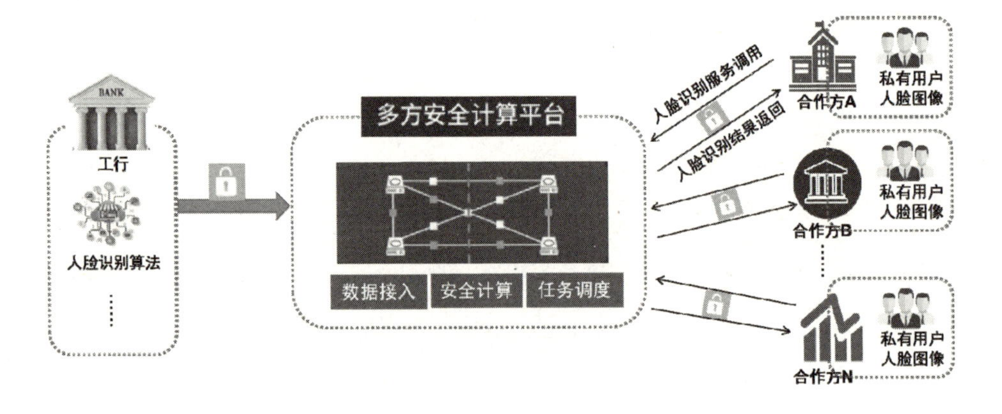


图 4-2　多方安全计算平台技术逻辑与方案设计示意图

如图 4-2 所示，多方安全计算平台的技术框架可分为数据接入层、安全计算层和任务调度层三部分。

数据接入层负责隐私计算数据的安全接入。数据提供方上传计算所需的业务数据，接入层按照该业务场景约定的多方安全计算技术进行加密处理后发送安全计算层。安全计算层实现密文数据的计算，确保基于密文计算结果与明文计算结果一致，或者结果损失精度在可接受范围。

安全计算层可分为计算支撑和业务计算逻辑两部分。计算支撑部分实现秘密分享、同态加密、混淆电路等基础多方安全计算协议，并封装出加减乘除、比较等基础计算函数，以及由基础计算函数衍生的其他复杂运算函数，如对数、指数、线性回归、排序、统计等。业务计算逻辑部分包含支撑业务场景所需的计算步骤，每个步骤都通过调用基础计算函数和衍生计算函数完成密文数据计算。

任务调度层则实现不同计算节点间的任务调度管理。一方面实现多方安全计算的全生命周期管理，包括各方用户权限的设置、节点准入管理、多方安全计算任务的管理，如任务创建、审核、启动、中止等；另一方面根据计算任务所需，从计算任务指定的数据提供方获取计算所需数据，调用安全计算层的计算节点完成计算任务，然后将计算结果返回指定的结果接收方。

该银行提供的人脸识别与注册服务，其具体实现方法如图 4-3 所示，分为人脸注册和人脸识别两个环节。

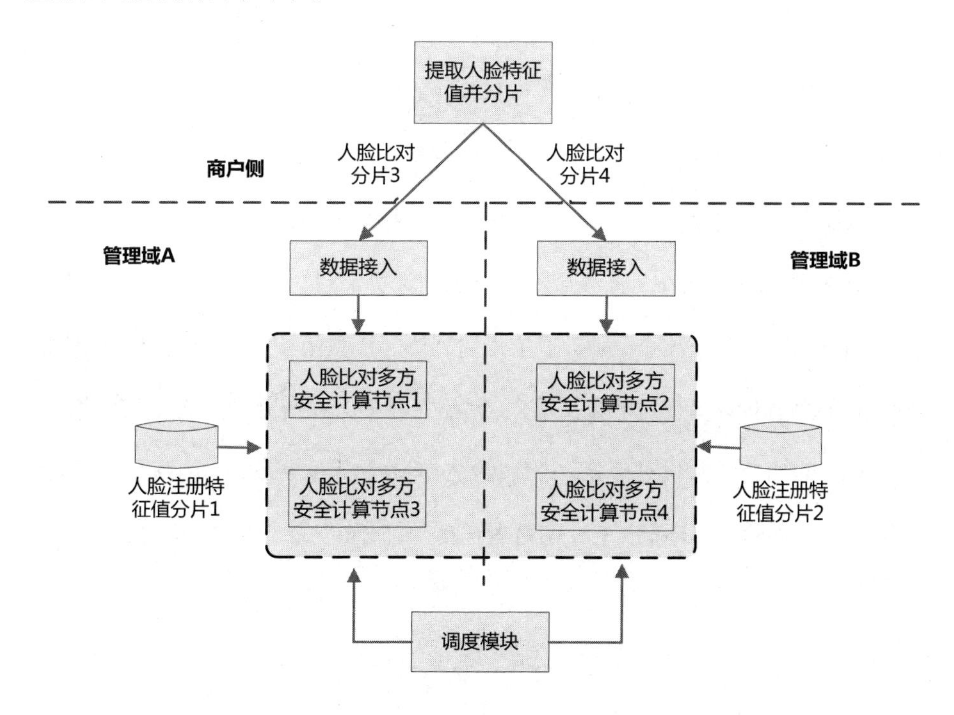


图 4-3　人脸注册与识别服务实现示意图

人脸注册服务提供人脸采集分片和存储的功能。在用户注册采集人脸信息时，由商户侧完成人脸图片采集和特征值提取，使用数据接入层的秘密分享算法将特征值进行分片，生成若干个特定长度、特定数据类型的随机分片。分片完成后将分片数据分别发送到分属不同管理域的参与方数据接入层，再转发到安全计算层的各参与方的人脸分片数据库中。比如，管理域 A 存储分片 1、管理域 B 存储分片 2，由于同一管理域只掌握 1 个分片，任何参与方在未获取另一参与方分片数据情况下，均无法还原出人脸特征值。在这过程中，使用体验与普通的人脸识别应用场景体验一致，但实际的用户人脸图像明文数据始终仅留存在合作方本地，且提取后的人脸特征数据采用随机分散加密储存的方式，进一步增强数据安全性，既杜绝了用户人脸数据泄露给服务提供方带来的风险，又可满足相关隐私法规的要求。

人脸识别服务提供基于人脸分片数据的比对计算功能。在用户人脸识别采集人脸信息时，与注册流程相同，在商户侧完成现场人脸图片采集和特征值分片处理，同时将人脸分片分别发送到分属不同管理域的数据接入层，数据接入层按照任务调度层指定的路由转发到安全计算层的人脸识别计算节点。经任务调用层的统筹调度，不同管理域的多个人脸识别计算节点启动协同计算任务，分别将注册、识别的人脸分片作为各自计算节点的数据输入，然后按照多方秘密分享算法协议在多个节点间协同实现密文人脸比对计算，最后将比对运算结果返回商户，由商户判断人脸识别结果。在人脸比对环节，餐饮消费者在食堂等合作方提供的机具设备完成刷脸动作，验证通过后即可完成消费支付动作，避免了忘记带卡、卡片丢失及卡片盗刷等问题。

价值分析

本案例构建的“生物识别+隐私计算”平台开放服务，通过多方安全计算技术和生物识别技术结合，将人脸特征转换为密文数据，实现人脸信息加密状态下的识别计算，输出具备隐私保护能力的人脸识别服务，为合作方提供安全可靠的人脸识别解决方案。具体有以下三个方面的价值贡献。

（1）保障终端用户合法权益。用户人脸信息在注册、存储和识别过程中被转换为人脸密文，实时在多方安全计算节点分散存储和协同计算，保证用户获得便捷生物认证服务的同时，个人隐私不受侵犯。

（2）提升合作方经营效益。合作方商户作为个人生物信息收集主体，通过隐私保护技术有效地管理用户个人信息使用用途和范围，为客户提供便捷且安全的智能化服务，改善客户服务体验，增强获客和活客能力，提升经营业绩。

（3）拓展银行金融科技服务边界。本案例创新了生物识别隐私保护技术手段，开拓多方计算与生物识别技术融合应用新路径，推动银行金融科技服务的技术升级，提升信息安全管控水平，促进生物识别向更多合作方场景推广，带动更多企业向数字化、智能化升级，扩大金融服务范围和提升其质量。

### ➢ 案例三　共建金融信贷准入评分模型

案例描述

在金融机构与外部数据合作方建模的时候，需要建模数据出库至可信沙箱环境建模，增加了数据泄露的风险。当数据外传给数据方时，由于数据方对数据保护的严格程度往往参差不齐，所以这个过程成了银行等金融机构数据管理链条上薄弱的一环。此外，从合规性角度分析，数据外传存在不可忽视的法律风险，因此将数据发送给外部数据合作方前往往需要很长的审批时间（需要使用者、提供者、平台方三重确认）。加上数据量少且缺乏实时性，导致建模质量不佳。

基于隐私计算的建模平台，使得数据合作双方的风险建模分析师可在平台上协作完成多金融信贷场景的准入评分模型，帮助金融机构在建模风险模型时不再需要数据外传，杜绝数据泄露风险和法律合规风险，也减少了冗长的审批流程，效果良好并已上线持续调用应用到业务策略中。

技术方案

在本案例中，腾讯云计算（北京）有限责任公司针对现有开源联邦学习平台存在的操作便利性、协作功能、权限管理及数据安全性等问题，自研了腾讯云安全隐私计算平台，包括调度模块（Controller）及分布在数据应用方和数据提供方的控制管理终端（Capitalist），通过隐私计算平台轻松完成数据的校验、注册、授权和隔离。

同时将分析师的建模设置下发为实际的联邦计算任务，并对任务进行状态监控，方便分析师获取联邦任务流程进度。通过隐私计算平台的联邦学习模块，银行原始数据不会出银行，确保了数据安全，分析师也不需要学习复杂的脚本编写即可按照之前工作习惯完成工作。联邦学习建模方案如图 4-4 所示。

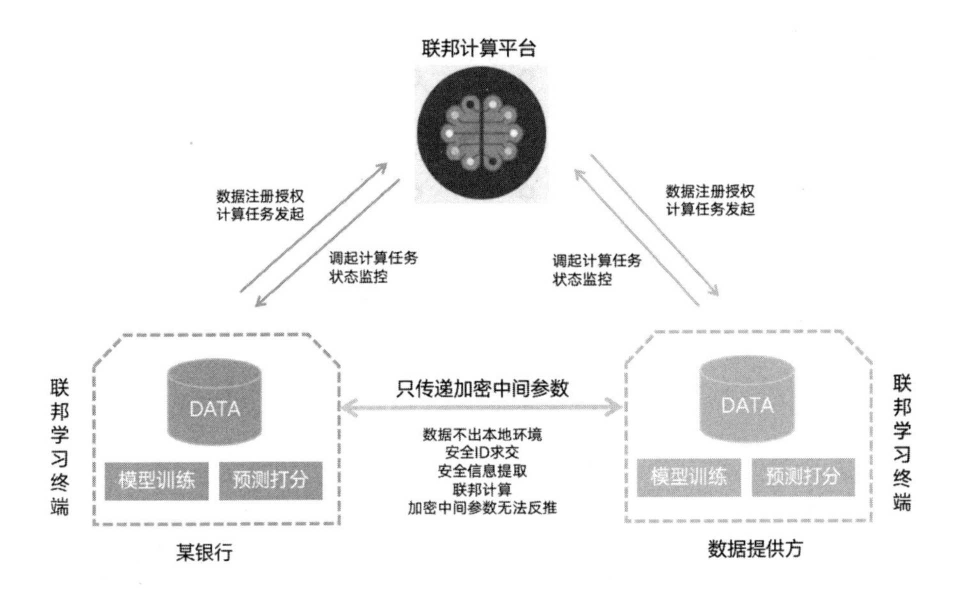


图 4-4　联邦学习建模方案示意图

本方案的联邦学习平台，在腾讯自研的隐私计算框架的基础上进行创新改造。对于联邦计算任务本身而言，针对当前存在的速度慢、安全性较差等问题，对现有算法和密码系统进行大幅度改进，大大加强隐私保护的同时，提升了建模效率。具体包括：

（1）平台对联邦学习密码系统和联邦算法进行改进。其使用的随机迭代放射密码（RIAC）系统比传统 Paillier 算法系统快 80%以上。并结合快速梯度直方图算法，使联邦梯度提升树运算时间对比开源框架下降了 85%，极大加速建模效率。

（2）平台对联邦逻辑回归算法进行了协议创新，剔除了“可信第三方”角色，从原理上大大增强了安全性，避免了数据泄露风险。

此外，该联邦计算平台提供了更贴合风险建模实际场景需求的图形化操作界面。分析师按照日常工作流程，选择所需数据、求交规则、所需特征工程工具（如特征衍生、特征编码，特征过滤等）及最终建模算法的参数，全程只需要简单的鼠标即可完成建模，不再需要编写复杂的脚本或者学习不同组建之间的依赖关系和工作方式，极大降低了分析师的学习成本和时间成本。

根据分析师工作的实际需求，平台增加了参数和模型效果对比等直观易用的工具，使得分析师的工作效率更高。如图 4-5 所示，分析师建模时可以对数据多次调参，找出效果最好的参数组合，终端页面会将每一次的结果并列，以方便对比。这增加了对社会公众的隐私保护，减少了隐私泄露风险，带来良好的社会效益。

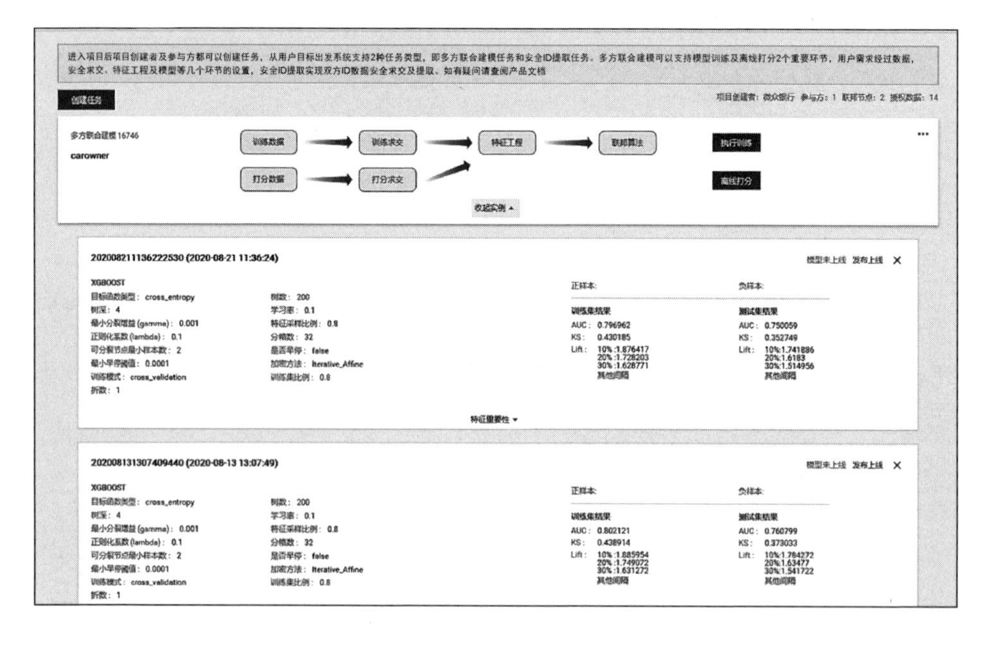


图 4-5　平台图形化操作页面

价值分析

通过运用联邦学习技术，该平台在实际的业务场景中协助完成了车贷申请评分、DCP 申请评分等风控模型，效果良好。

从经济价值方面考虑，联邦计算可帮助金融机构更好地防范风险，降低违约率，增加利润。同时，上述方案中易用的图形化界面，更快的算法，降低了银行分析师的培训成本和时间成本。其次，平台使用更安全的无第三方算法，消除了银行的合规风险和数据泄露风险，加强了对社会公众的隐私保护，减少了隐私泄露风险，带来了良好的社会效益。

### ➢ 案例四　隐私计算助力金融机构提升联合风控效率

案例描述

开放银行作为银行业发展的未来趋势，对银行的数据管理能力、业务创新能力、系统科技水平、风险管理效果都提出了极大的挑战。近年来，蚂蚁集团帮助合作银行进行数字化、集约化的经营战略转型，在获客、业务联合运营的基础之上，帮助银行提升线上风控能力的重要性也日益凸显。

提升线上风控能力，需要更优的信用风险预测模型。预测精度更高、算法性能更加强大的信用风险预测模型需要更大量、更全面、更真实的金融行业数据。然而，目前面临的主要问题：一是金融数据隐私性非常高，而隐私泄露风险较大；二是金融机构间因安全性、信任度等方面的考虑，数据流通较困难，导致单家机构无法获取大量外部数据进行模型训练。长尾用户由于缺少信用记录或信用记录较少(例如，申请信用卡、消费贷款等），无法进行有效的风险判断。这一类客户能够获取的金融服务是有限的，但他们往往是急需金融服务的人群。

在线上业务自主风控管理体系构建的过程中，银行主要面临两方面的挑战。一方面是数据采集范围局限：传统的信贷数据主要基于人行征信数据，在与各合作方开展线上业务合作的过程中，可用于线上审批模型及审批策略的基础数据来源较为单一，对互联网生态环境下的多态数据获取及应用存在较大局限性。另一方面是隐私保护的要求：如何在确保数据隐私的前提下，达成与合作方的数据融合、数据挖掘。

为了解决以上挑战，蚂蚁集团开始与银行的技术、数据合作。通过使用蚂蚁隐私计算框架隐语，运用多方安全计算技术，在保护用户隐私和数据安全的前提下，针对联合风控场景需求开发风控模型。参与方充分挖掘各自不同的数据价值，提升独立自主风控能力。多方安全计算技术运用了秘密分享、同态加密等密码学技术，使得数据可用不可见，解决数据合作中的安全隐私合规痛点。建立更为精准的风控体系，实现差异化风控策略，为长尾客户等提供优质的信贷服务。同时基于模型对业务开展动态管理，有利于快速调整信贷额度，满足用户需求，加速普惠金融的实现。

技术方案

蚂蚁集团通过自研隐私计算框架隐语帮助不同机构在满足用户隐私保护、数据安全和政府法规的要求下进行数据联合使用和建模。希望可以通过构建一套统一的技术框架，支撑不同的应用场景，提供一致的开发体验。框架包括两个层次：上层是编译层，通过对用户的数据分析和建模命令进行编译，生成可执行的密态计算图；

发送到下层的 PPU（Privacy Preserving Unit）分布式计算节点，由 PPU 完成具体的计算任务。通过编译器和 PPU 的配合，实现可信、可度量、可证三种模式的计算能力。

隐语系统架构具有以下几个特点。

（1）一体化的编程体验：可以像使用常用机器学习框架，或使用 SQL 类似的方式来使用该框架，用类明文计算的开发方式获得密态联合计算的效果。一方面可以使用户获得平缓的学习曲线，另一方面，用户可以在一个编程界面完成从数据分析到训练建模的全流程，为用户提供一致的编程体验。

（2）强大的扩展能力：框架通过支持 XLA，上层可以对接包括 TF、Pytorch、JAX 在内的多种主流机器学习框架。通过 Privacy Aware IR 的抽象，可以屏蔽掉下层安全协议的实现差异，使得下层可以插拔包括 ABY、ABY3、Blaze、SecureNN 等在内的多种安全协议。

（3）全面的隐私保护能力：框架支持包括可信安全、可度量安全和可证安全在内的多种隐私计算能力，可以适应不同场景的需要。

（4）优秀的计算性能：整个系统框架针对隐私计算的特点，在计算和通信等性能关键点上都进行了针对性的设计。此外，通过编译层和 PPU 的双层设计，在编译层可以借助现有的很多优化技术来提升性能，在 PPU 层，通过 IR 的抽象屏蔽掉底层协议的差异性，在不同运行环境下可以选择最适合的协议来提升性能。

图 4-6 是蚂蚁集团隐私架构“隐语”框图。

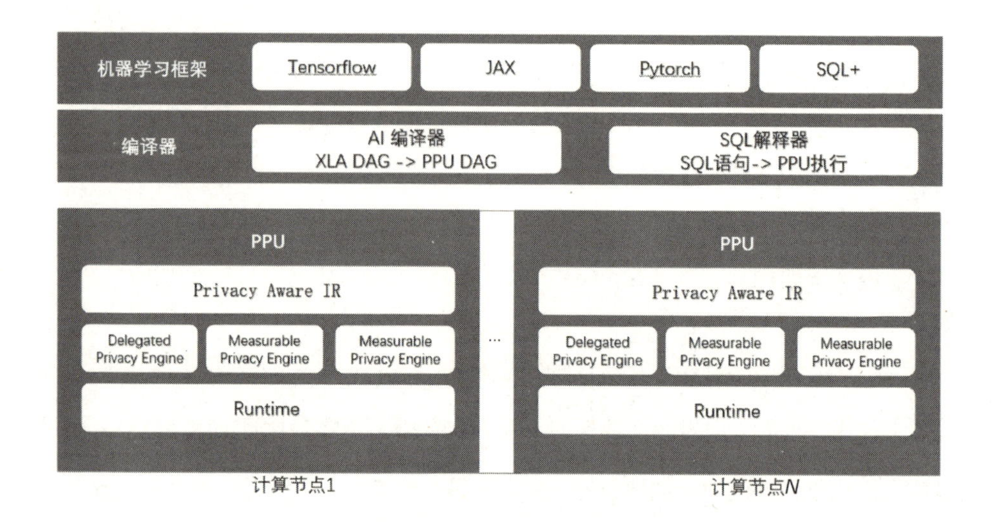


图 4-6　蚂蚁集团隐私架构“隐语”框图

价值分析

本案例在智能信贷场景下，蚂蚁集团通过自研隐私计算框架隐语帮助金融机构在满足用户隐私保护、数据安全和政府法规的要求下进行数据联合使用和建模，破解了数据共享和隐私保护难以平衡的难题，通过数据的多方协同和授权共享，得到更准确高效的模型和决策，实现极速贷款，为多地提供普惠金融服务，进一步释放数据价值。

在与某商业银行合作的过程中，隐语框架助力该银行大幅度提高了风控性能，联合模型随后识别出了 37 万名低风险客户，如果还使用以前的传统模型，没有多源数据，一般情况下就不可能批准这些客户的贷款，同时信用限额有望增加 80 亿元人民币。该模型使得信贷潜在客户群有所扩大，以前不可能获得批准的急需贷款的客户现在也能够得到相关信贷支持。

➢　**联合风控场景应用的难点与挑战**

一方面，隐私计算对数据提供方的数据及多方数据融合建模过程进行加密处理，使得整个隐私计算流程对所有人来说是一个黑盒，并具有不可衡量与不可检测的特性。金融风控业务方担心隐私计算在执行数据融合的过程中，是否对其数据进行了完全保密，以及结果是否真的仅对数据需求业务方可见。这些问题在一定程度上影响了业务方对隐私计算技术的接受程度。

另一方面，隐私计算可以很好地解决用户业务数据流通中的安全合规问题，但是落地到具体的用户风控业务场景时，面临如何衡量与检测、如何基于加密数据进行智能化处理、如何快速部署等一系列问题。如果这些问题不得到解决，在联合风控场景中，业务方就很难选择使用隐私计算技术。

隐私计算技术未来能够融合区块链、人工智能和容器云等多种技术，利用区块链技术可追随、可审计的特性，人工智能技术可以提供智能的数据挖掘分析能力和容器云技术具备快速部署和便于开发的优势，为用户提供可信、安全、隐私、公平与高性能的数据互联解决方案，支持用户与多个外部机构进行安全便捷的数据流通与生态协作，解决了用户在使用隐私计算技术时面临的一系列问题，保证隐私计算技术能够更好地服务用户的业务，或可使该技术成为主流方向。

## 4.2　联合营销

营销业务进入到智能时代，应用于营销的数据维度不断丰富，应用场景也不断增加。如果大量数据可以被应用于智能营销场景，就能更精准地刻画用户需求，提高营销效率，降低营销成本。然而，用户画像的数据往往是相互割裂的，只有通过整合多机构间多维度的数据才能构建更立体的用户画像，以实现资源的优势互补、开拓市场广度和挖掘市场深度的营销目的。通过隐私计算可以帮助机构在不输出原始数据的基础上共享各自的用户数据进行营销模型计算，根据建模结果制订营销策略，实现双赢的联合营销目的。

例如，银行机构利用隐私计算技术，可对运营商、政务、征信等数据实现应用场景所需的价值融合，从而为用户提供聚合金融服务；保险公司将用户基本信息、购买保险、出险赔付和电商、航旅等其他合作方的消费、出行、行为偏好等数据进行安全融合。通过匿踪查询技术可信地获取客户的黑名单、消费能力、画像标签等信息，用于识别消费者的潜在风险等应用；电信运营商通过融合金融机构数据在共有的用户群中找到对理财产品、保险产品有兴趣的用户群，筛选出更精准的目标用户进行营销，提升交叉销售效果，获取更多的新客；互联网公司利用自身拥有的大量用户行为信息和基础画像数据，与广告数据方拥有的深度转化链路数据（如付费信息）进行安全求交，并通过多方安全计算或联邦学习技术联合训练、建模、优化广告模型效果。在游戏、金融、教育、电商行业的广告应用案例中都能提升广告投放效果和用户体验。

本章节我们继续分析三个业内的应用案例，通过具体的产业实践来展现隐私计算技术在联合营销领域的作用价值。

### ➢ 案例一　汽车客户群联合建模分析

案例描述

随着《网络安全法》《数据安全法》接连表决通过，公民对个人隐私保护重视程度逐渐提高，全社会对数据安全协作提出了更高、更严的要求，其中，《数据安全法》明确提出，坚持保障数据安全与促进数据开发利用并重。

在汽车销售行业，用户数据信息是其核心资产，保护数据隐私问题是一个企业的社会责任。汽车经销商拥有完整的客户数据，包括用户授权，录入客户到店接触信息，并以此为根据建立客户层级分类模型，对客户进行分层管理。但是在现有的客户管理系统中，模型的建立主要依靠自身有限的历史数据，导致客户分层模型精度不高，优先级判断效率低。

面对行业数据流通与协作中的诸多难点，联通数科联合数牍科技共同研究开发了基于联邦学习隐私计算技术的综合解决方案。在保证数据私密合规使用的前提下，保障数据的所有权不转移和使用权细分可控，平衡数据保护和流通价值。

技术方案

本案例主要通过应用多方安全计算，联邦学习等隐私计算技术，以隐私计算系统平台 Tusita 为基础，为不同机构提供多方数据之间的分布式数据融合、联合建模和数据使用。该平台技术实现框架如图 4-7 所示。

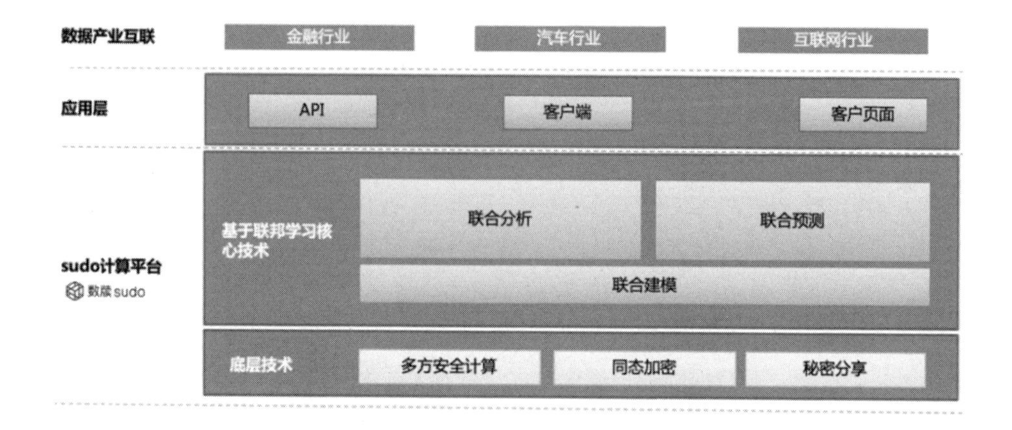


图 4-7　隐私计算平台技术实现框架图

联通大数据和汽车经销商按照隐私计算协议规定的格式，独立准备数据。其中，汽车经销商提供历史成交和基本客户信息，联通准备对应地区客户的网络活动数据。所有原始数据仅由数据拥有方持有，分别部署于各自的隐私计算节点中。

双方首先根据隐私计算中的求交技术，获得双方客户交集。然后通过联邦学习技术，分别在本地进行部分模型训练，模型更新的信息通过安全加密计算和对方进行整合更新。该过程可以保障原始数据在不出库的前提下完成多方复杂运算。同时，隐私计算技术的引入可以在保护中间计算结果的同时，保证模型精度。双方在不交换用户原始数据和标签的前提下，成功预测客户到店和成交等转化概率。

汽车经销商根据联合模型和预测结果，对客户进行有效的分层体系，并采用对应的跟进模式。这极大地提高汽车经销商分层模型的预测精度，提升客户数据利用效率和价值，降低获取客服的成本（具体数据协作流程见图 4-8）。该方案既解决了汽车经销商对核心客户资产数据保护的顾虑，又通过建立打通数据孤岛的数据交互解决方案，筛选出高价值用户线索，提高企业运营效率。

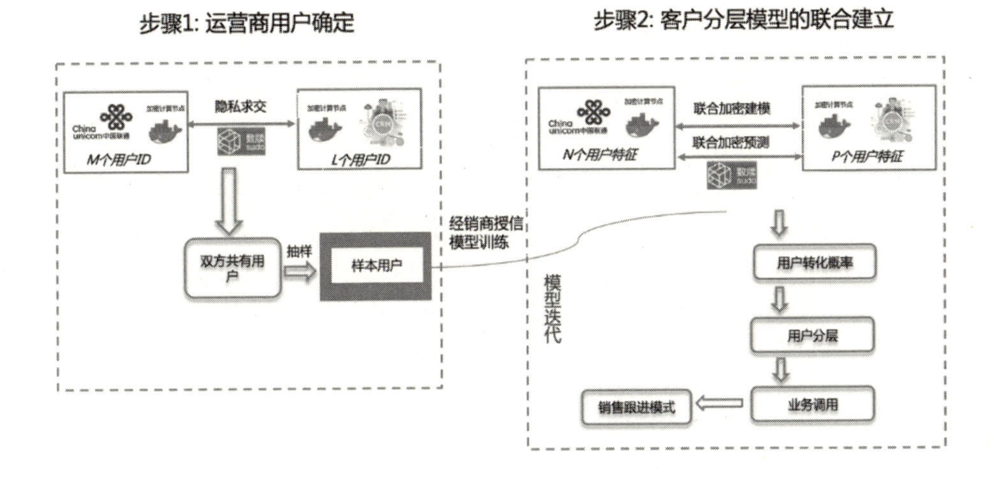


图 4-8　隐私计算数据协作流程

价值分析

本案例是联通大数据有限公司通过使用创新技术来赋能大数据行业的有效实践，共同推行隐私计算技术的研究和应用，积极探索技术革新在促进大数据行业的数据共享、安全使用上的有效性，对推进社会大数据行业的发展，防范数据安全风险提供了极具价值的实践参考。

## ➢　案例二　车险风险评估多方安全计算

案例描述

随着车险费率市场化改革进程的不断深入，风险成本对保费价格贡献加大。车险定价能力在逐步加快提升步伐，保险公司纷纷进行创新风险定价的尝试。风险评估因子通常由“从车”（与车相关）信息与“从人”（与人相关）信息组成，目前传统保险企业车险产品依赖“从车”因素更多，忽略了司机的行为、环境等因素其实也是影响保期内风险的重要因素之一，对车险风险评估有至关重要的影响。

针对保险行业车险定价业务难以精准进行风险定价的痛点，某财产保险公司与百度开展车险定价合作，运用百度智能云金融安全计算技术，通过百度超大规模数据计算、深度数据挖掘方法，从海量数据中挖掘车险领域相关数据特征，引入到车险精算模型中，在原有定价因子的基础上，丰富了更多创新定价因子，提升车险风险评估模型风险区分能力，更准确地预测风险，提高运营效能。

技术方案

百度金融安全计算平台融合了百度自主研发的安全计算架构技术、大数据技术、工业级工程平台技术研发，以及对金融行业业务和解决方案的深刻理解这四方面的技术能力。安全计算平台技术架构如图 4-9 所示。

百度 MesaTEE（Memory Safe Trusted Execution Environment）平台通过底层的数据安全保护，模型工程师可在操作平台上实施多方数据融合建模计算。建模平台包含从数据导入到数据融合、特征工程、统计分析、模型构建、模型评估、模型预测等一系列操作，完整覆盖模型的生命周期。利用隐私计算，丰富了更多创新的定价因子，如天气道路等环境特征、司机的大数据用户画像特征等，全面提升财险公司车险风险评估模型效果，最终为业务方带来业务价值。

百度 MesaTEE 平台将内存安全技术和硬件加密技术相结合,使中央处理器的可信区域无法被恶意软件访问，也无法通过硬件泄露敏感数据。它不仅兼容当前主流的大数据和机器学习框架，还支持内存安全编程语言（如 Rust）和 Intel SGX/AMD SEV/ARM TrustZone/Risc-V 等诸多平台。

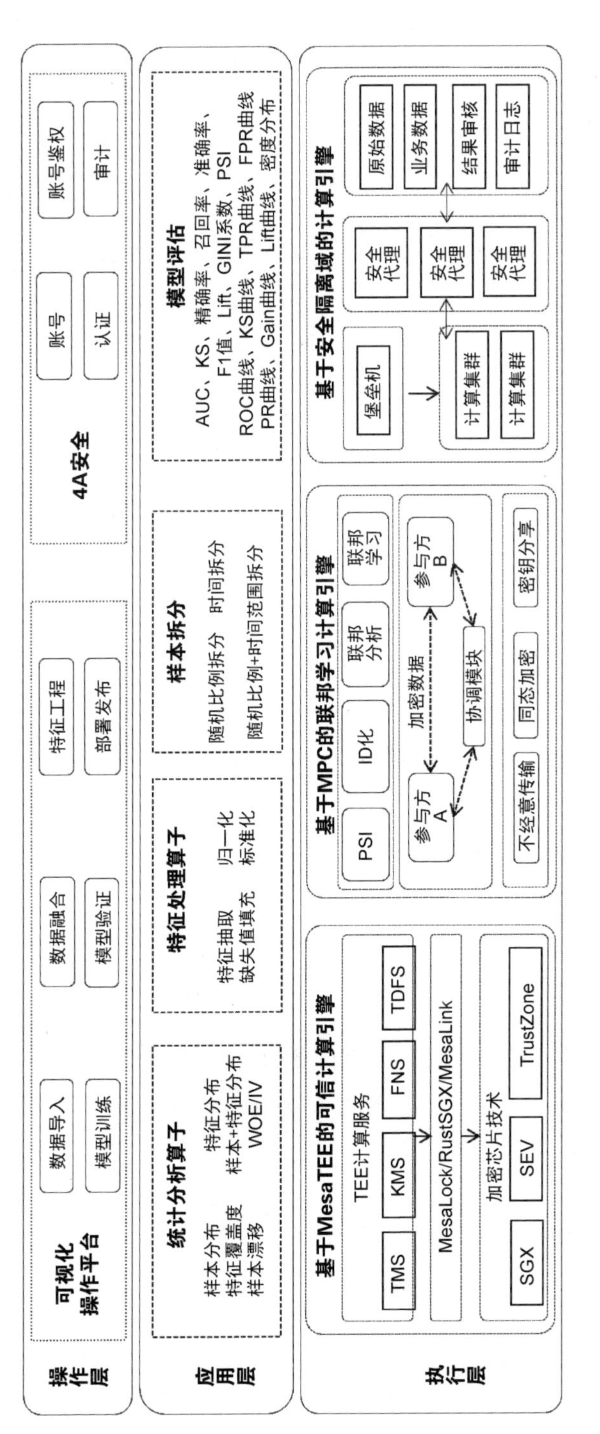


图 4-9　安全计算平台技术架构图

价值分析

该案例是多方安全计算技术应用于车险企业与互联网企业跨行业落地的典范案例，某财产保险公司在百度金融安全计算平台的保障下，利用百度大数据能力，构建其专属的车险风险特征体系。在原有定价因子的基础上，丰富了更多创新定价因子，模型风险区分能力提升 10 ~ 20%。模型风险区分度的提升有助于对不同风险的客户的定价更加科学合理。通过精准定价，更准确地预测赔付风险，改善企业业务结构、提高运营效率，平均每年线上车险定价服务超过 1200 万人次，预计市场综合改革后能节约近 800 万元的成本。该平台目前已稳定运行在其车险运营体系中。

### ➢ 案例三　国产化的金融数据建模应用

案例描述

某金融客户在进行联合营销活动之前，都会融合多方机构的数据，构建出有效而准确的联合营销模型，以便于更好地对活动进行精准营销。但是随着数据流通法规越发严格及数据泄露事件的频繁发生，这种传统利用多家原数据直接融合建模的联合营销，存在违反数据相关的法律法规和导致数据泄露的风险。

技术方案

基于某金融客户和其数据提供方的数据，在可信执行环境 TEE 中进行机密计算，获得有效而准确的联合营销模型，以便于该客户更好地进行精准营销。冲量在线联合国产化芯片提供商兆芯，推出基于国产化设备的数据隐私计算方案，通过 MPC、加密密钥等技术，保障多方加密后的数据汇集到带有兆芯物理机的可信执行环境中，利用其硬件保证执行过程的隐私性，帮助该金融客户规避数据泄露的风险，遵守数据相关的法律法规，并融合人工智能算法进行多方联合建模，协助某金融客户构建有效而准确的联合营销模型，以进行精细化联合营销活动。

本方案采用基于国产硬件的可信执行环境与基于密码学的隐私计算双层架构，其技术架构图如图 4-10 所示。

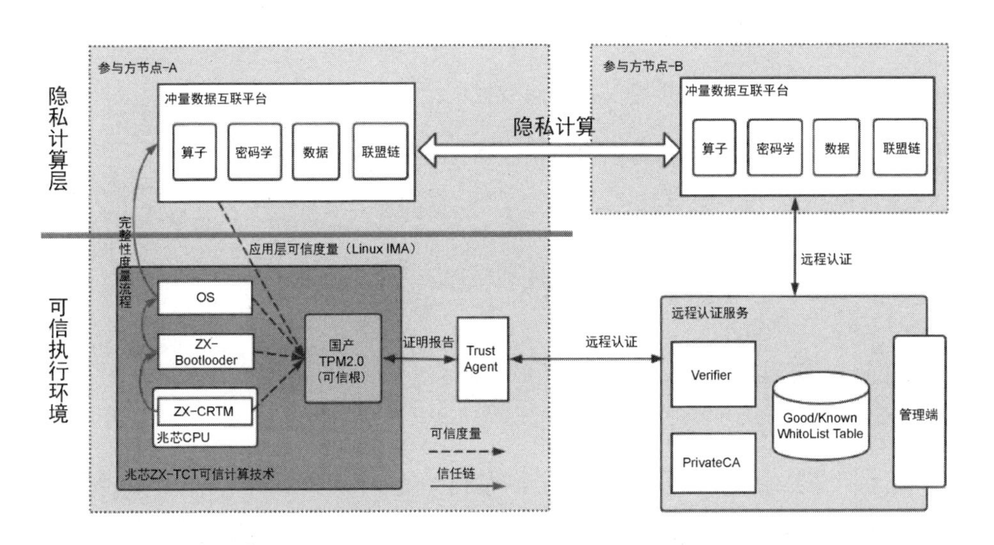


图 4-10　技术架构图

在可信执行环境层，利用兆芯 ZX-TCT 可信计算技术，构建系统启动时和运行时的基于兆芯 CPU 的信任链，把信任关系从兆芯 CPU 内嵌指令一直向上传递到 OS 层；同时，通过拓展 Linux 操作系统，为其开启 IMA 完整性度量功能，进一步把信任链拓展到应用层，即隐私计算框架层；并且，所有的完整性度量值都会存储在国产 TPM2.0 的硬件设备内，以保证其可信和不可篡改；最后，通过远程认证技术，更加可控地构建了一个可信执行环境，实现上层应用的可信计算。

基于可信执行环境的基础，在隐私计算层，平台的所有执行模块、用户的自定义算子、用户的数据等都维护在信任链中，以保证其完整和不可篡改。平台通过同态加密、差分隐私、不经意传输等密码学技术，以及智能合约、联盟链等区块链技术，完成隐私计算，实现对数据价值的挖掘。

价值分析

本案例是一个基于国产化芯片的金融行业联合营销的隐私计算应用实践，证明国产化芯片也可以完美承接隐私计算对硬件的要求，为隐私计算行业摆脱国外芯片的依赖进行了可行性验证。也证明隐私计算在避免数据泄露风险的前提下，能协助多方输出适用于自身业务的模型，这不仅可以协助客户降低因为违反数据相关法律法规和数据泄露产生的额外成本，还能通过精确的模型降低营销活动的运营成本。

### ➢ 联合营销场景应用的难点

隐私计算技术有助于打通数据孤岛，使得大量数据可以流动起来，释放数据价值。解决企业和机构当前面临的数据合规难题，为数据安全制度落地提供有力的技术支撑。但在实际应用中，仍存在一些难题，这些难题在一定程度上限制了隐私计算在联合营销场景上的推广和应用，具体表现如下。

（1）数据计算量大，通过使用分布式的联合建模、数据加密等手段，数据存储和数据传输的消耗相对于集中的联合建模情况有很大的负载要求，从而需要较多的存储和网络资源的开销，这就增加了数据运营成本。另外，关键过程计算数据的安全防护，对原始数据的计算过程数据，如梯度，也可能存在某种程度的被攻击的可能，需要同时做到不仅要对原始数据做到安全防护，还要实现对有关原始数据的中间运算参数的安全防护。目前可通过密码分享和同态加密等手段进行安全增强，当然同时也增加了计算量。

（2）隐私计算无法解决所有问题，在实际应用场景中，需要和其他技术融合。隐私计算可以很好地解决用户业务数据流通中的安全合规问题，但是落地到用户业务场景时，面临如何衡量与检测、如何基于加密数据进行智能化处理、如何快速部署等一系列问题，如果这些问题不得到解决，业务方就很难选择使用隐私计算技术。

（3）应用场景的挑战，在现阶段，一些项目仍在试点阶段，隐私计算技术投入大规模使用后，从小规模到大规模转变的适用性仍需进一步验证。

## 4.3　智慧医疗

近年来，国家越来越重视健康医疗大数据。2016 年 6 月，国务院办公厅发布《关于促进和规范健康医疗大数据应用发展的指导意见》，提出健康医疗大数据是国家重要的基础性战略资源，要全面深化健康医疗大数据应用。2018 年 9 月，国家卫生健康委员会发布《国家健康医疗大数据标准、安全和服务管理办法（试行）》。

智慧医疗领域通过对医疗健康大数据的分析和挖掘，能够在临床科研、公共卫生、行业治理、管理决策、惠民服务和产业发展等方面产生重要价值。

由于历史和习惯等原因，我国医学“重临床、轻数据”的现象比较普遍，医疗数据呈现出数量大、质量差的特征，而且由于缺乏统一标准，医疗机构间数据孤岛等，在很大程度上影响了健康医疗大数据的发展。同时，数据隐私保护方面的风险也是医疗大数据面临的巨大挑战。由于生物医疗数据，尤其是基因数据，包含大量的敏感信息，一旦发生数据泄露将会造成难以估量的损失，并且会对数据相关的个体带来多方面的负面影响。

面对智慧医疗领域的挑战，很多政府机构、医院、企业利用隐私计算技术，实现在数据隐私保护下进行医学数据安全统计分析和医学模拟仿真和预判，从而进行跨机构的精准防疫、基因分析、临床医学研究等应用。

### ➢ 案例一　新冠病毒基因组演化分析检测疫情发展

案例描述

2020 年伊始，新冠肺炎开始在全球流行。由于其传播迅速、发病突然、难以预测及防范等特点，可能会造成严重的危害。我国新冠肺炎疫情防控取得阶段性成果，但在全球疫情不断升级的情况下，防控任务依然艰巨。

在新冠病毒基因组演化分析中，单个机构或个人所拥有的病毒基因数据在采样源上相对单一，难以对病毒发展有全局掌握。所以在疫苗、特效药研发阶段，推动新冠病毒基因组数据共享，为抗疫提供科学依据和支撑就尤为重要。2020 年 2 月 21 日，《国家科学评论》（*National Science Review*，简称 NSR）发表社论《学术道义与社会职责——呼吁即时公布和共享 HCoV-19 测序数据》，号召将此病毒的基因组数据尽快公开。

但是，数据及时公开也存在诸多挑战。如新冠病毒数据共享机制尚不完善，数据所有者权益得不到保护。拥有数据的医生、科研人员在自己相关研究发表前往往不愿直接公开原始数据，导致数据共享和挖掘程度低，而如果通过科研合作等形式共享，也需要经过较为烦琐的流程。

2020 年 3 月 27 日，由深圳国家基因库和华大区块链共同开发的新冠病毒基因组分析平台在国家基因库生命大数据平台（CNGBdb）正式上线，助力数据共享和疫情防控。基于区块链和多方安全计算的新冠病毒基因组分析工具，使“数据可用不可见”的模式得以实现，这就可以鼓励数据拥有者提前共享数据，为国内外科研机构提供安全可信的数据共享和分析环境。

技术方案

新冠病毒基因组分析平台采用多方安全计算技术实现新冠病毒基因组相似度比对，使拥有新冠病毒数据的医生、科研人员可以在不直接共享数据的情况下比较各自病毒序列的相似性，并结合区块链技术进行不可篡改的数据和计算存证。允许用户在不公布己方数据的前提下，联合其他科研人员协同分析并共享结果。该平台可展示现有公开数据集（来自 GISAID、NCBI、CNGBdb 等）的演化树分析结果，包括样本序列演化关系、地理位置、采样时间等，可实时追踪病毒流行病学情况、预测未来毒株演化。

具体而言，该平台采用多方安全计算序列相似度比对算法，如图 4-11 所示。该算法是基于序列 t-tuple 统计的经典序列相似度计算方法，被广泛应用于多序列比对、BLAST 等场景中。双方进行计算后可以获得对方序列与己方序列的相似度，进而在一定程度上推断在进行多方演化树分析时，对方序列在树上可能出现的位置。用户可以根据相似度计算结果评估进一步合作的必要性。通过采用多方安全计算序列相似度比对算法，用户不用直接共享原始病毒序列，可以在更安全的模型下完成联合计算。

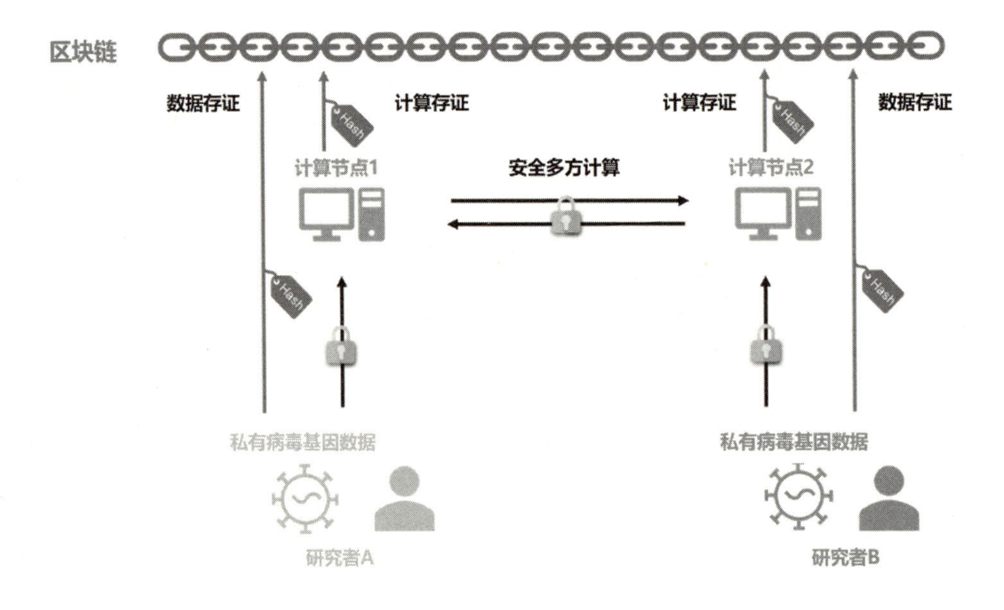


图 4-11　多方安全计算序列相似度比对算法

该工具支持单方、多方两种计算模式。采用单方计算，用户可以单独针对自有数据进行计算，或者与平台现有的公开数据合并计算，以预测毒株的演化；采用多方安全计算技术，用户能够以“虽彼此不可见，但可共享使用”（即“可用不可见”）的方式，与其他科研人员协同分析。同时结合区块链技术，保证所有数据和计算过程均可回溯且不可篡改，并记录数据使用次数，以体现用户数据的贡献度，促进新冠病毒基因组数据的安全共享，平台记录数据如图 4-12 所示。

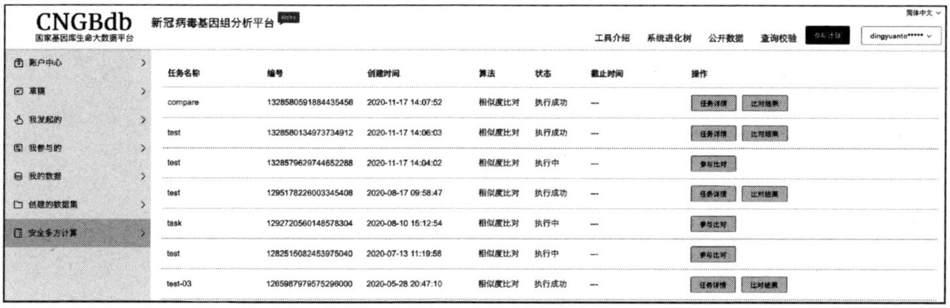

| 任务名称 | 编号 | 创建时间 | 算法 | 状态 | 截止时间 | 操作 |
|---|---|---|---|---|---|---|
| compare | 1328580591884435456 | 2020-11-17 14:07:52 | 相似度比对 | 执行成功 | --- | 任务详情 比对结果 |
| test | 1328580134973734912 | 2020-11-17 14:06:03 | 相似度比对 | 执行成功 | --- | 任务详情 比对结果 |
| test | 1328579629744652288 | 2020-11-17 14:04:02 | 相似度比对 | 执行中 | --- | 参与比对 |
| test | 1295178226003345408 | 2020-08-17 09:58:47 | 相似度比对 | 执行成功 | --- | 任务详情 比对结果 |
| task | 1292720560148578304 | 2020-08-10 15:12:54 | 相似度比对 | 执行中 | --- | 参与比对 |
| test | 1282515082453975040 | 2020-07-13 11:19:58 | 相似度比对 | 执行中 | --- | 参与比对 |
| test-03 | 1265987979575296000 | 2020-05-28 20:47:10 | 相似度比对 | 执行成功 | --- | 任务详情 比对结果 |

图 4-12　平台记录数据

价值分析

新冠病毒基因组分析平台是深圳国家基因库与华大区块链结合自身优势协同创新的“抗疫利器”，将进一步促进新冠病毒基因组数据及相关演化分析结果的实时共享，为疫情防治提供有力支撑。其正式上线意味着生命科学大数据的安全共享和开发利用上了一个新台阶。该平台的主要价值体现在以下三个方面。

（1）验证多方安全计算和区块链技术在生命科学数据共享中的可行性。

（2）提供生命科学数据共享新模式新思路。

（3）在新冠肺炎疫情中促进病毒基因组数据安全共享，助力疫情防控。

该平台上线后已有约 200 名用户使用，同时由于其在隐私计算和数据安全保护方面的领先尝试，在一定程度上促成了与其他国际组织的合作。深圳国家基因库与全球共享流感数据倡议组织（GISAID）于 2020 年 3 月达成战略性合作，国家基因库生命大数据平台成为 GISAID 在中国首个正式授权的平台。

## ➢ 案例二 厦门健康医疗大数据应用开放实践

### 案例描述

近年来，随着国家对健康医疗大数据的重视程度不断提高，各地着手建立区域医疗大数据中心。2020 年 10 月 29 日，十九届五中全会审议通过《中共中央关于制定国民经济和社会发展第十四个五年规划和二〇三五年远景目标的建议》，提出“推动互联网、大数据、人工智能等同各产业深度融合”“系统布局新型基础设施，加快第五代移动通信、工业互联网、大数据中心等建设”，更有利于促进区域医疗大数据中心的发展。

目前，国内很多区域医疗大数据中心主要解决的是数据采集问题，即通过统一的数据标准，将数据结构化，但在数据挖掘分析及分析平台搭建上的能力尚显不足。区域医疗大数据中心在业务模式建立上面临多方面的挑战。一是数据安全方面的挑战。很多大数据平台的安全策略是以行政手段通过签署保密协议等方式从法律上避免数据泄露的，这大大限制了参与平台建设的公司和机构的数量，也使得平台建成后数据如何开放使用成为一个大问题。二是数据服务来源方面的挑战。在目前数据所有权不清晰的情况下，数据的共享模式没有建立起来，平台的建设方也变成了平台唯一的数据服务方。然而，医疗数据的需求是多种多样的，医学数据的探索是无止境的，在各种需求面前，单一的数据服务方成为平台服务的瓶颈。三是数据标准化方面的挑战。由于各医疗机构采用的 IT 系统不尽相同，不同数据源的数据质量和数据标准也存在较大差异，所以，未处理的原始数据很难被直接使用。四是隐私保护方面的挑战。健康医疗大数据在应用过程中，常涉及基因信息、生物识别数据等个人敏感信息的收集、使用和加工等行为，由此导致与个人隐私保护之间的冲突突显。

图 4-13 模拟了一个医疗数据平台与医学统计公司间数据流通的场景，展示了传统医疗数据平台与隐私计算平台的区别。在传统医疗数据平台中，医学统计公司需要从数据平台中将参与癌症筛查人群的原始数据导出，再利用自行开发的癌症筛查模型进行计算，以评估筛查手段的灵敏度和特异性。这样做会使原始数据离开平台，导致平台失去对于这部分数据的安全和权益保护。如果这个医疗统计公司未经平台授权将数据用作其他用途，或者擅自将数据发送给其他人使用，都可能造成灾难性的后果。在隐私计算平台中，原始数据不会离开平台：用户在平台内找到需要的数据后，向数据所有者申请数据使用授权；得到授权后，数据在平台内进行加工、计算；经过提炼的数据，才可以从平台中输出。在该例子中，医学统计公司需要的是对癌症筛查手段的灵敏度和特异性的评估结果，这也是平台所要输出的全部数据。

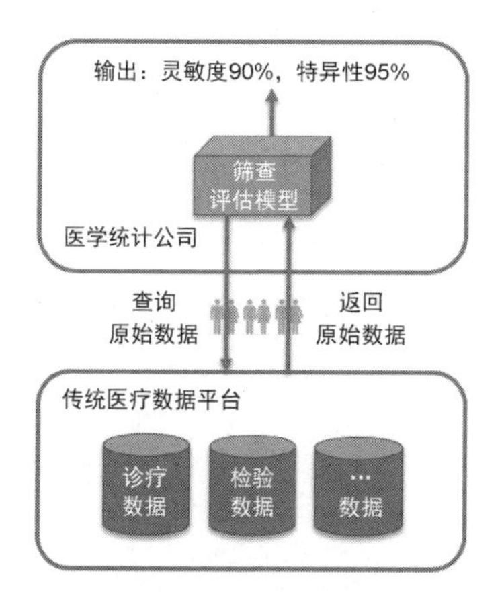


传统医疗数据平台：原始数据离开数据平台，失去对安全和权益的保护。

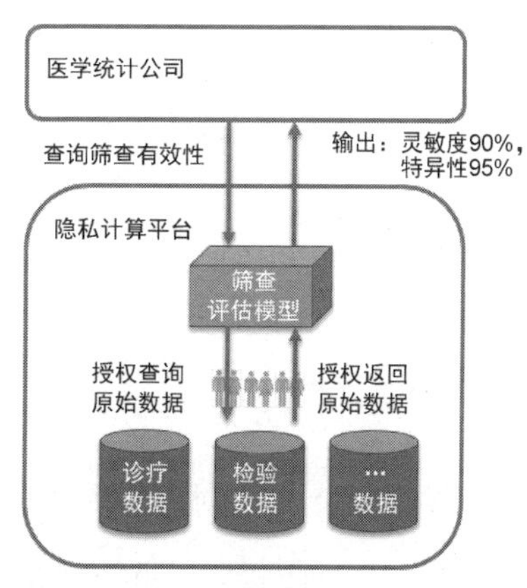


隐私计算平台：原始数据不离开数据平台，平台只输出数据的价值。

图 4-13　传统医疗数据平台 vs 隐私计算平台

厦门市作为国家健康医疗大数据中心与产业园建设工程的第一批试点城市，打造了“开放共享+共建共赢”的医疗大数据新生态，力争成为国家健康医疗大数据中心并形成可复制、可推广的厦门模式。

厦门市卫健委与翼方健数合作，在健康医疗大数据应用开放平台建设过程中，针对数据生态构建、数据共享安全、医疗数据治理及数据价值发挥等问题，进行了深入探索。厦门健康医疗大数据应用开放平台（XDP）基于隐私安全计算技术，以“不共享原始数据，只输出数据价值”作为核心理念，致力于打造统一、协调、开放的数据生态。其数据由厦门市卫健委主持采集，实现了厦门市重点医院、人口、NIPT 等多源异构数据的接入。该平台以满足政府机关、医药企业、保险公司等的数据需求为目标，通过引入大量专业的第三方数据服务机构，完成对原始数据的处理、挖掘工作，成为数据需求方和数据提供方之间的桥梁。在这种开放的数据生态下，数据开发和使用的效率得到了极大提高。

技术方案

厦门健康医疗大数据应用开放平台采用基于翼方健数自主研发的 XDP 平台的技术解决方案，建立了基于隐私安全计算的数据开放生态，在统筹数据治理、数据安全和授权使用的基础上，将数据作为资产管理，实现了平台数据价值的充分开发。其示意图如图 4-14 所示。

为了在隐私计算技术中实现用户开放及良好支持第三方应用，XDP 平台首先建立了安全威胁模型，分析超级用户、用户、平台外部、第三方应用对平台数据安全及授权使用的潜在风险，然后在数据存储、传输、计算方面采用加密、密钥管理、安全沙箱计算等方法，保证平台数据安全和授权使用。其技术架构如图 4-15 所示。

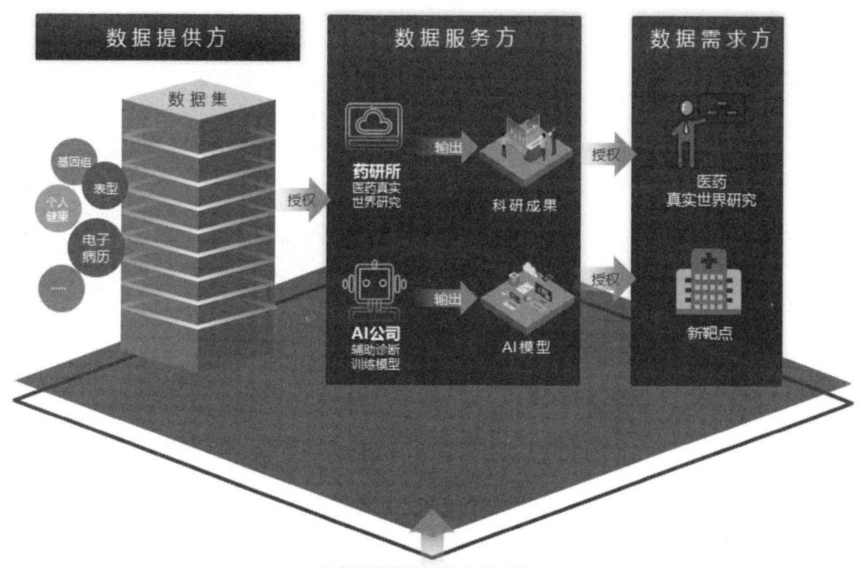


图 4-14　厦门健康医疗大数据应用开放平台（XDP）

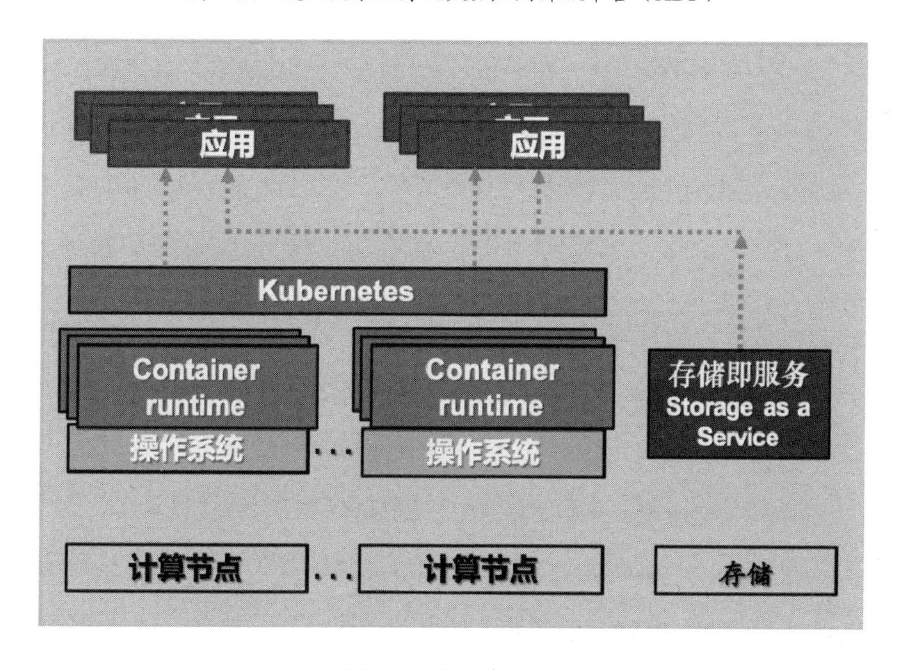


图 4-15　技术架构图

从技术架构上看，平台采用包含平台层、数据层和应用层的分层技术架构设计。

在平台层，根据当今网络带宽高速扩展的特点，特别是5G的应用，XDP平台摈弃了传统大数据平台的实现方式，采用了基于容器计算的私有云服务，使存储和计算解耦合，大大提高了平台资源的利用效率、可扩展性和平台的性能。在存储实现上，XDP平台采用自主研发的XFS文件系统，实现了文件存储和对象存储的高效融合，在存储方案中对数据的加密、查询等操作进行优化，为平台的数据安全和数据应用打下了坚实的基础。在计算实现上，XDP平台提供基于沙箱容器计算的弹性计算方式，在保证第三方应用计算安全的同时，提供了高效灵活的应用部署方式和计算服务。

在数据层，平台充分利用人工智能手段，对所有汇聚的数据进行探测、清洗和映射，并对关联数据进行融合，最终对数据进行资产化、目录化。平台根据各医疗机构信息系统“大同小异”的主数据现状，提出了基于厦门市医疗数据标准的“求同存异”的主数据融合方法，打通了不同机构和系统的数据，形成了高质量的数据服务。平台遵循数据的最小可用原则，既允许用户通过查询服务精准地找到所需数据，又能帮助用户找到这些数据的所有者，向他们发起数据使用授权申请。当所有相关的数据所有者同意授权后，用户就可以在平台使用查询结果数据。

在应用层，平台基于自然语言处理的语义归一化模型、深度学习的标注模型等模型技术，研发智能处方、病历结构化、临床辅助诊断、影像辅助诊断的AI应用，同时结合临床指南构建临床诊断知识库，为传统医疗系统装上智慧大脑。分级诊疗系统能够赋能基层医生提升诊疗能力，为医生提供疾病辅助诊断、用药推荐、检查检验建议等辅助功能，使基层医疗机构有能力服务更多的患者。同时，分级诊疗系统能够识别危重病和传染病风险并进行提示，基层医生可通过厦门市双向转诊平台对危重症患者进行转诊，保证危重病人优先得到救治。

价值分析

厦门健康医疗大数据应用开放平台致力于打造“开放共享+共建共赢”的医疗大数据新生态，通过隐私计算技术实现“原始数据不离开平台，数据在平台内授权使用，平台只输出数据价值”的目的。该平台的主要价值体现在以下几个方面。

（1）保障数据共享安全。解决数据使用和安全隐私之间的矛盾，实现合理的、基于授权的数据价值共享，创造数据流通性，降低数据科学的门槛，推动人工智能的进步。

（2）提升医疗科研效率。科研工作者通过平台能够迅速找到所需的数据，便捷地处理数据，以及和其他科研工作者高效地合作。目前，厦门大学健康医疗大数据国家研究院已经在平台上实现了对慢性阻塞性肺病、糖尿病、NIPT 关联儿童的疾病、妊娠高血压、人群健康报告等课题的研究。

（3）AI 赋能传统医疗系统。平台利用隐私计算的解决方案为医疗 AI 赋能。平台用户可以在平台上非常容易地开发和部署 AI 应用，通过智能处方、病历结构化、临床辅助诊断、影像辅助诊断等智能应用，为传统医疗系统装上人工智能大脑。通过联手厦门大学附属第一医院，其在分级诊疗方向上的应用成果获得了国家卫健委颁发的健康医疗人工智能应用落地优秀案例称号。

（4）创新数据产业招商。当前，云计算、大数据、移动互联网和 5G 信息技术不断发展，为智慧健康深化应用提供了更多可能，基于隐私安全计算的数据开放应用平台建设成为智慧健康产业突破发展的关键所在，“以数据招商”也成为区域产业培育发展的重要抓手。厦门市通过建设健康医疗大数据应用开放平台，构建了大健康大数据产业生态，推动医疗大数据应用、基因检测、肿瘤早筛、智能诊断等核心项目落地厦门。

### ➢ 案例三 全基因组关联分析引擎

案例描述

生物医疗大数据是现代医学研究、药物开发、公共卫生防疫、临床医疗应用的重要基础性资源。在多年的生物医学信息学研究积累过程中，很多技术可对电子病历数据、影像数据、基因数据等生物医疗大数据进行分析和挖掘，例如全基因组关联分析。

全基因组关联分析（Genome-Wide Association Study，GWAS）是指从人类全基因组范围内找出存在的序列变异，即单核苷酸多态性（Single Nucleotide Polymorphisms，SNPs），并筛选出与疾病相关的 SNPs，帮助人们进行疾病诊断或预防。它常用于复杂疾病的研究，包括肿瘤、糖尿病和高血压等。这类疾病受多个基因和环境因素共同影响，每个基因的单独作用较弱，且往往存在多个基因间和基因环境间的交互作用，因此被称作复杂疾病。利用 GWAS 对遗传机制进行研究，有助于开发新药物、发展新疗法和开展预防工作，提高整体国民健康水平。

然而，GWAS 技术本身的特征为其广泛推广带来了一定挑战。一是数据安全方面，该技术需要的数据包含大量敏感的个人信息。一项研究发现，基于几十个基因位点数据就可以基本确定一个个体的身份。如何合理保护这些敏感信息，规避不必要的隐私泄露风险，便成了广泛推行生物医疗数据分享和联合分析、多元医疗数据融合的关键挑战之一。二是 GWAS 依赖大量基因数据的积累，样本量不足是各项 GWAS 研究中最常见的问题和难点。近几年，得益于基因测序技术的发展，我国已经建立了多样化、多维度的基因库，基因数据的积累也正以前所未有的速度不断推进。但是，这些基因库中的基因数据大都是独立存在的，缺乏关联和交互方式，形成了一个个“数据孤岛”，使这些数据无法发挥出全部价值，产生高耗能、高成本的负担，变成了“食之无味，弃之可惜”的“鸡肋”。

基于锘崴信隐私机密计算平台打造的全基因组关联分析引擎，能满足 GWAS 研究所需的超大数据量和高通量的技术要求，同时还解决了使用传统大数据平台时存在的平台作为受信第三方的可靠性的问题，使研究人员和数据提供方更有意愿进行数据共享。而由于原始数据不需要复制和移动，不会造成传统数据共享过程中数据管理职责模糊的问题，所以，数据管理的职责更清晰了。不仅如此，部分计算在本地完成，还能有效减少数据冗余问题，进一步提高 GWAS 研究过程中的计算效率。

技术方案

在锘崴信隐私机密计算平台的支持下，由上海某三甲医院牵头，在全国首次实现了多家医院在不分享明文数据（个体基因数据）的基础上，进行带有隐私保护的强直性脊柱炎（Ankylosing Spondylitis，AS）的 GWAS 分析。该研究团队依托锘崴科技的隐私机密计算技术，设计并开发了一个新的框架——iPRIVATES，其技术框架如图 4-16 所示。这一框架使用了具有隐私保护功能的安全联邦学习（Privacy-preserving Security Federated Learning）方法，在整个数据共享过程中对患者信息进行保护，解决了数据共享中存在的隐私安全问题。该团队以强直性脊柱炎作为切入点，使用 iPRIVATES 进行全基因组分析，以识别人类基因组中具有潜在风险——可能导致 AS 的基因型。

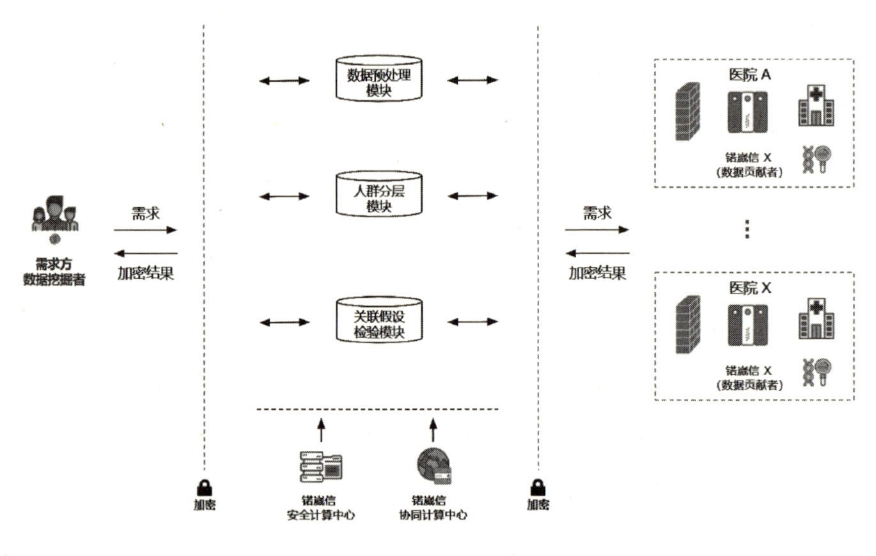


图 4-16　iPRIVATES 技术框架

iPRIVATES 所使用的安全联邦学习方法，被认为是兼具隐私保护和跨机构数据共享的技术解决方案。它能连接多个数据源，但在研究过程中只交换加密的、经过处理的中间计算结果，因而不会泄露患者级别的基因分型数据，达到了数据共享和隐私保护的双重目标。该平台的优势如图 4-17 所示。

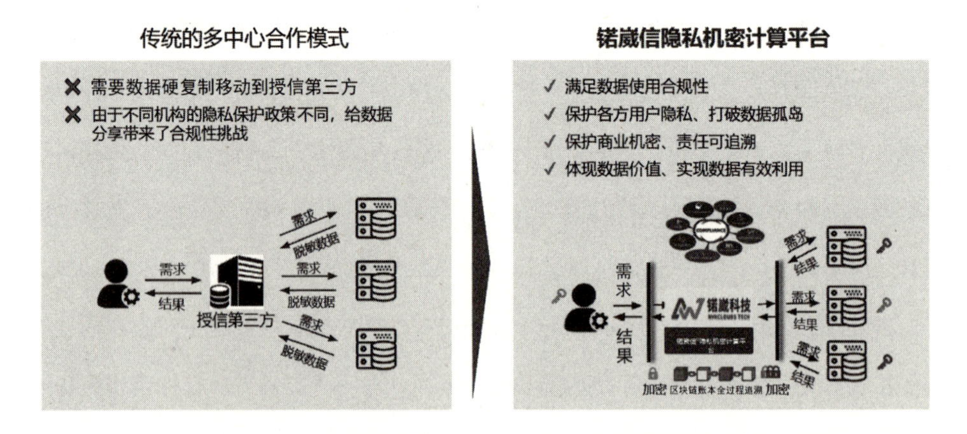


图 4-17　锘崴信隐私机密计算平台的优势

不仅如此，以往的研究都只关注单一技术的设计，但 iPRIVATES 框架融合了多种技术和算法，可以支持联邦 GWAS 分析的可配置管道，能够灵活地集成和配置不同的 GWAS，方便识别 SNPs 与许多不同类型的特征（如某些重大疾病）之间的关联。iPRIVATES 具有革命性的突破，打破了生物医疗数据应用于研究的传统方式。另外，该团队分别通过模拟数据集和真实数据（真实环境下多家医院的数据）两种方式来评估 iPRIVATES 的性能。实验结果表明，与传统的集中式计算结果一致，它在保护数据隐私的同时，还能保证计算效果，其结果报告如图 4-18 所示。该研究成果发表在生物信息学顶级期刊 *Briefing in Bioinformatics* 上，证明了锘崴信隐私机密计算平台在推动不同疾病的多中心协同基因组研究方面的巨大潜力。

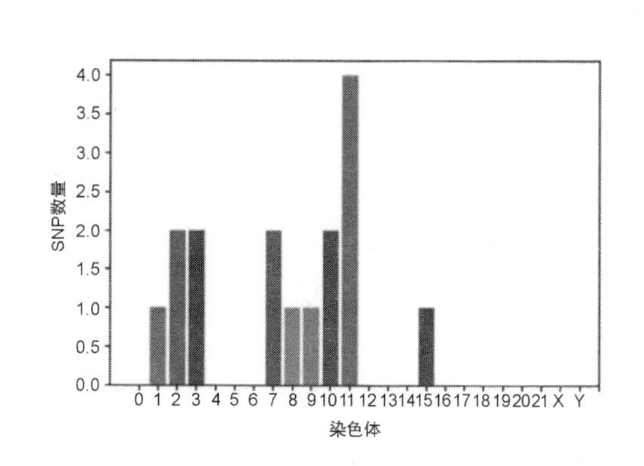


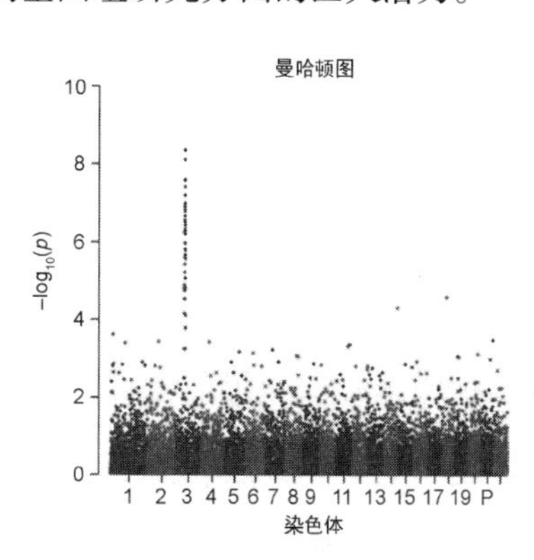


图 4-18　GWAS 分析系统提供内容丰富的结果报告

价值分析

锘崴信隐私机密计算平台采用的技术在计算过程中不会泄露敏感的原始数据，充分保护了用户的隐私数据和商业机密。在符合法律法规及相关管理部门监管要求的基础上，打破了数据孤岛，建立了跨行业、跨部门、跨主体的合规、安全、可控的大数据联合分析。同时，随着数据应用合规监管的进一步加强，隐私机密计算平台可以支撑数据产业进一步发展，在医学研究领域以外同样具有广泛的应用前景。

## ➢ 智慧医疗场景应用的难点与挑战

目前，在智慧医疗方面，应用和推广隐私计算面临的主要难点与挑战如下。

（1）法律法规有待进一步健全

近年来，我国数据立法进程不断加快，尤其强调数据应用过程中的数据安全。《网络安全法》《数据安全法》《个人信息保护法》逐步完善了国家数据相关立法的顶层设计，着重强调了流通过程中的数据安全和个人信息保护。

在医疗方面，根据当前社会实际需求和技术发展趋势，国家需要不断健全医疗大数据相关法律法规，进一步解决个人医疗数据隐私保护问题及跨机构数据联合分析时的隐私泄露问题。很多国家和组织均对个人数据的隐私保护问题进行了专项立法，并为管理个人信息的机构（例如医院、大数据公司等）的数据运营建立了法律规范，例如欧盟颁布的《数据保护指令》（DPD）、美国颁布的《医疗电子交换法案》（HIPAA）等。

（2）配套技术标准体系需逐渐完善

基于国家的各项法律法规，针对隐私计算具体技术细节的标准化要求在不断发展和完善。在确保健康医疗大数据收集环节广泛多样、真实互联的基础上，应将数据采集标准和规范进行统一和完善，对大数据技术和管理等方面进行规范化和标准化。日益丰富、不断健全的团体标准、行业标准和国家标准，是隐私计算产业不断健康发展的有力保障。

（3）性能瓶颈阻碍隐私计算规模化应用

隐私计算采用的密文计算需要较大的计算和通信负载，尤其是在面对海量的医疗数据时，容易导致性能瓶颈。在保证参与节点的可用性之后，隐私计算依然面临计算和网络性能的限制。为了保证计算过程的安全性，从理论层面上隐私计算要比明文计算付出更大的计算和存储代价，例如同态计算的密文扩张规模可达 1 到 4 个数量级。考虑到隐私计算是一种多方同步计算，性能的瓶颈会出现在最薄弱的环节，即计算或通信资源最受限的参与方会直接影响整个计算平台的性能。目前，大多数平台仅支持较为简单的大数据分析、挖掘。如需在更大规模的应用中进行更复杂的分析，保障同步性和可用性是隐私计算面临的关键挑战之一。

除了联合风控、联合营销、智慧医疗等应用场景，隐私计算技术应用也呈现出向更多行业扩散的态势，在电子政务、智慧能源、智慧终端、智慧城市等场景中均有应用。

# 第 5 章　隐私计算的产业现状

“隐私计算火了！”

这是我们在 2020 年年底第一次真切感受到的。因为仅在 2020 年下半年，我们就看到了比预想更多的技术产品出现。

“隐私计算居然这么火！”

这是我们仅时隔半年后再次感叹的。因为想要入局的企业数量之多，远超我们的设想。

2018 年中国信通院云大所发布《数据流通关键技术白皮书》的时候，只是刚开始对多方安全计算进行科普，甚至还没有明确地使用隐私计算的概念。如今面对市场，我们再也不用从头开始科普概念了，可以从最核心的应用落地开始谈起。

2019 年，Gartner 首次将隐私计算列为处于启动期的关键技术。2020 年，Gartner 将隐私计算列为 2021 年企业机构九大重要战略科技之一，认为隐私计算将迅速得到落地应用，并预测到 2025 年其应用范围将覆盖全球一半的大型企业机构。结合我们在国内市场的观察，隐私计算的产业化正在大步向前。

本章将分别从外部配套环境和内部市场竞争两方面来聊聊我们观察到的隐私计算产业现状。

## 5.1　透过外部配套环境看隐私计算

### ➢　政策扶持

技术发展火热一定是因为有强烈的应用需求——有足够的用武之地才能反过来推动技术进一步升级迭代。作为平衡数据利用与安全的关键技术，自 2016 年国内外都开始强调数据安全与隐私保护起，隐私计算开始从实验室的理论研究中苏醒。

- 国外监管要求及政策

2016 年 4 月，欧盟通过了《通用数据保护条例》（GDPR），并宣布于两年后，即从 2018 年开始强制实施。GDPR 最核心的部分是严格约束了个人数据的收集、传输、保留和处理。GDPR 的出台给了与数据业务相关的企业当头一棒。起初最为活跃的“A 企业收集数据卖给 B 企业做聚合建模后，把模型再卖给 C 企业用于其业务决策”的模式基本无法在 GDPR 实施后使用了。因为在 GDPR 的监管视角下，无论 A 企业把数据卖给 B 企业时是否做了加密或脱敏处理，数据一旦离开了收集方，处理者或使用者对数据的处理方式和使用目的很可能无法被产生数据的用户本人清楚获知——这基本上就是违规的。

企业必须想办法改变原有的业务形态来应对 GDPR，技术是最重要且有效的思路。也是在 2016 年，谷歌提出了联邦学习，之后各方开始注意到隐私计算的作用和价值。

2020 年 11 月，欧盟数据保护委员会（EDPB）发布的《关于补充传输工具以确保符合欧盟个人数据保护水平的措施的建议》中指出，目前在对有数据输出业务企业的尽职调查中，隐私计算技术的应用已成为企业或机构符合“采取必要的补充措施，对所传输数据的保护水平达到欧盟的基本等同标准”这一要求的证明。事实上，2015 年爱沙尼亚的一个私人项目就应用了多方安全计算，对 1000 万条纳税记录和 60 万条学历信息进行了关联统计分析。后来，欧盟相关机构依据 GDPR 的要求对该项目的合规性进行了分析，论证了通过应用多方安全计算实现隐私保护的合规性。除 EDPB 外，欧盟网络安全局（ENISA）在 2021 年发布的《数据保护和隐私中网络安全措施的技术分析》中也将多方安全计算确定为适用于复杂数据共享场景的有效技术方案，特别是在医疗和网络安全领域。

相较于欧盟，美国从产业利益出发，对数据持积极利用的态度，联邦层面对数据保护的法律规定较为宽松。然而，以加州为代表的各地方政府在数据保护上进行了更为全面和严格的探索。2020 年 1 月 1 日开始生效的《加州消费者隐私法》（CCPA）虽然只是州层面的立法，但影响范围已涉及全球，只要在加州开展业务，就要受 CCPA 的约束。2020 年 11 月，加州通过了《加州隐私权法案》（CPRA）。CPRA 在 CCPA 的基础上赋予了加州居民一些新的数据权益，包括更正个人信息及限制敏感个人信息的使用和披露的权利，同时 CPRA 增强了对数据泄露的监管要求。隐私计算在一定程度上可以为在加州开展业务的全球企业提供一些应对监管要求的思路。

虽然美国政府目前还没有发布明确提及隐私计算的相关政策文件，但在 2020 年人口普查中，美国政府采用了差分隐私技术来保障数据安全，表明其在一定程度上已认可了隐私计算的技术价值。2021 年拜登就职美国总统后，数据隐私改革有望成为美国联邦政府在信息通信和科技领域的一个重要工作方向。美国众议院和参议院已提交《促进数字隐私技术法案》（S.224），提出“支持隐私增强技术的研究，并促进负责任的数据使用”。如果该法案通过，将授权美国国家科学基金会（NSF）增强对隐私增强技术的研究，制定相关标准，并促进隐私增强技术在公共和私营部门数据使用中的作用。该法案也对“隐私增强技术”进行了定义，即“任何软件解决方案、技术流程或其他技术手段，以增强数据或数据集中个人的隐私和保密性”，具体措施包括“匿名化和假名化技术、过滤工具、反追踪技术、差异化隐私工具、合成数据和安全的多方计算。”

除了欧盟和美国，英国 2020 年年底颁布的《国家数据战略》提及将探索隐私增强技术支持个人数据保护，加强公众对数据使用的控制，进而增强公众信任。其实早在 2018 年，英国数据伦理与创新中心（CDEI）就开始持续关注隐私计算研究。2020 年 7 月，CDEI 发布《解决对公共部门数据使用的信任问题》报告，指出隐私增强技术能更好地保护不同数据共享方法的隐私和安全性。

- 国内监管要求及政策

同国际监管趋势一样，我国从 2016 年开始加速数据相关立法进程。《网络安全法》《数据安全法》《个人信息保护法》为数据流通划出了合规底线。2016 年 11 月颁布的《网络安全法》着重强调了数据隐私的重要性。2021 年 6 月 10 日，《数据安全法》经第十三届全国人大常委会审议后正式通过，并于 2021 年 9 月 1 日起正式施行。作为数据安全领域最高位阶的专门法，《数据安全法》对企业数据安全管理制度建设和相关技术应用提出了明确的要求。2021 年 8 月 20 日，第十三届全国人大常委会第三十次会议通过了《个人信息保护法》。该法于 2021 年 11 月 1 日起施行，进一步强调了个人信息在数据流通过程中的安全合规。这三部上位法明确把数据安全合规放到了极其重要的位置上。

在加强合规要求的同时，国内监管层也看到了利用相关技术来平衡数据利用与安全的重要性。

工业和信息化部在 2016 年发布的《大数据产业发展规划（2016—2020 年）》和 2019 年发布的《工业大数据发展指导意见（征求意见稿）》中提出，支持企业加强多方安全计算等数据流通关键技术攻关和测试验证，并在工业领域积极推广应用，促进工业数据安全流通。

中国人民银行在 2019 年 9 月颁布的《金融科技（FinTech）发展规划（2019—2021 年）》中提出，要利用多方安全计算技术提升金融服务安全性。

可以说，政策的提前布局为我国抢占隐私计算技术高地奠定了重要基础。2021 年以来，国内隐私计算声势越来越大，隐私计算进一步受到政府部门和监管层面的认可。

2021 年 5 月，国家发改委、中央网信办、工业和信息化部、国家能源局联合印发了《全国一体化大数据中心协同创新体系算力枢纽实施方案》，明确提出构建国家算力网络体系。在一体化算力网络中，数据流通必然是重要的一环。在上述实施方案提出的一系列重要任务中，就包含“试验多方安全计算、区块链、隐私计算、数据沙箱等技术模式，构建数据可信流通环境，提高数据流通效率”。

同时，中国人民银行在北京、江苏、浙江等 14 个省（区、市）组织商业银行、清算机构、非银行支付机构等开展金融数据综合应用试点。试点内容包括促进数据规范共享，即“充分发挥全国一体化政务服务平台的数据共享枢纽作用，运用多方安全计算、联邦学习、联盟链等技术实现多主体间数据规范共享，确保‘数据可用不可见’‘数据不动价值动’”。

2021 年 7 月，工业和信息化部先后发布两份文件，均提及隐私计算。《新型数据中心发展三年行动计划（2021—2023 年）》中提出“加强多方安全计算等数据安全关键技术创新突破与推广应用”。《网络安全产业高质量发展三年行动计划（2021—2023 年）（征求意见稿）》中提出“推动隐私计算等数据安全技术的研究攻关和部署应用，促进数据要素安全有序流动”。

此外，地方政府也开始推动隐私计算的应用。广东省在《数据要素市场化配置改革行动方案》中提出构建包含隐私计算在内的数据新型基础设施。《山东省“十四五”数字强省建设规划》在“实施数字政府强基工程”中提出“打造数据应用总门户，搭建集数据建模、隐私计算、数据分析与可视化于一体的若干服务中台”。上海市在 2021 年网络安全产业创新攻关中，将隐私计算列为基础技术创新的攻关方向之一，在应用技术创新中，将利用“包括（但不限于）安全多方计算、区块链、联邦学习、可信执行环境、开源代码供应链安全等技术”确保数据流通安全。

虽然现在的监管内容还没有被足够细化，但技术发展的政策环境总归是越来越明朗的。

## ➢ 学术研究

隐私计算作为一门融合了多学科的、复杂的新兴技术，其发展与应用的关键底座还是学术上的技术理论研究。

我们整理了隐私计算相关领域被收录到 SCI 核心合集中的论文数量，如图 5-1 所示，关键词包含隐私保护计算（Privacy-Preserving Computation 和 Privacy-Preserving Computing）、多方安全计算（Secure Multi-party Computation）、可信执行环境（Trusted Execution Environment）、联邦学习（Federated Learning）和机密计算（Confidential Computing）。

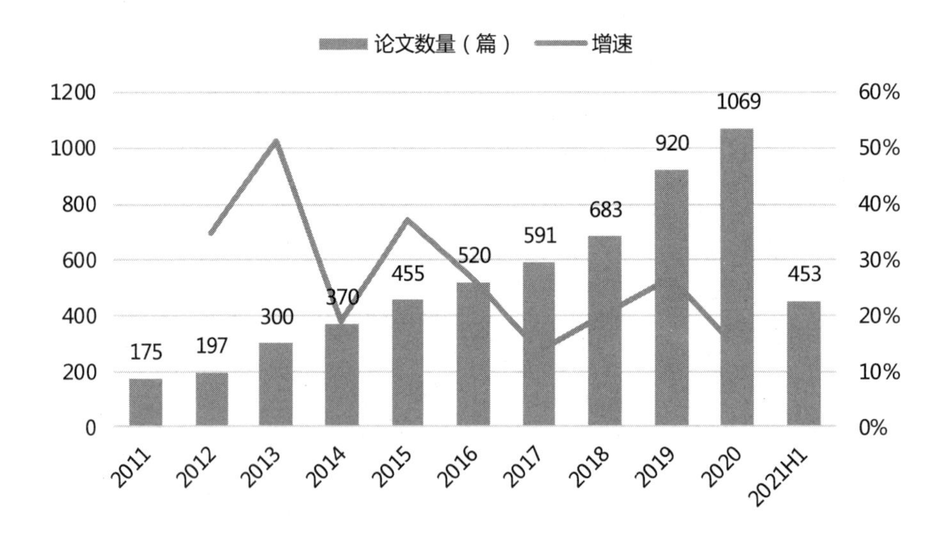


图 5-1　隐私计算相关领域论文数量（2011—2021 年）（截至 2021 年 7 月）

可以看出，自 2011 年以来，隐私计算领域共有论文 5733 篇。从时间的角度看，论文数量保持着不低于 10%的增速，自 2016 年起每年被收录到 SCI 核心合集中的论文数量超过 500 篇，2020 年更是超过 1000 篇。截至 2021 年 7 月，2021 年发表的论文数量已超过 400 篇，可见学术领域对隐私计算的关注在持续增强。

从发表论文的国家和地区来看，如表 5-1 所示，中国和美国的论文数量最多，分别占总数的 35.76%和 27.16%。进一步筛选被引用次数最多的 49 篇论文，其中中国作者参与贡献的有 38 篇，美国作者参与贡献的有 19 篇，可见我国已经抓住了发展隐私计算的理论先机。从作者所在机构看，中国科学院、电子科技大学、北京邮电大学、上海交通大学、武汉大学这些深耕信息技术安全领域的高校已在隐私计算领域有了比较多的研究成果。

表 5-1　各国家和地区发表论文数量情况

| 排名 | 国家 | 论文数量 | 占比 |
|---|---|---|---|
| 1 | 中国 | 2050 | 35.76% |
| 2 | 美国 | 1557 | 27.16% |
| 3 | 印度 | 584 | 10.19% |
| 4 | 德国 | 311 | 5.42% |
| 5 | 澳大利亚 | 304 | 5.30% |
| 6 | 英国 | 295 | 5.15% |
| 7 | 加拿大 | 275 | 4.80% |
| 8 | 韩国 | 251 | 4.06% |
| 9 | 日本 | 233 | 3.33% |
| 10 | 新加坡 | 191 | 35.76% |

除中美两国之外，印度的论文数量超过 500 篇，列第三位。在其他国家中，德国和澳大利亚的论文数量超过 300 篇，加拿大、韩国、日本、新加坡也分别有一两百篇论文发表。这些国家也是近几年最关注数据战略、正在同步强化数据立法的国家。

### ➢ 专利发明

研发是技术发展的发动机。专利机制为高新技术的研发提供了激励机制。在隐私计算领域，专利发明也在一定程度上激励了相关企业和机构的研发。

与论文发表的情况类似，我国和美国在隐私计算领域的专利发明上处于领跑地位。根据 incoPat 创新指数研究中心与 IPRdaily 中文网联合发布的全球新兴隐私技术发明专利排行榜（TOP100），截至 2021 年 3 月，在全球隐私计算相关专利申请数量前 10 名的企业中，有 7 家来自中国，另外 3 家来自美国。

有 4 家企业专利数量在 200 项以上，其中：蚂蚁集团以 740 项位列第一，遥遥领先；其次为微软（305 项）、阿里巴巴（299 项）和中国平安（282 项），微众银行、腾讯科技、华为和国家电网的专利数量也进入了前 10 名。

从图 5-2 中我们可以看到，中国是前 100 名中上榜企业数量最多的国家，多于美国，并且远远多于仅有个位数企业上榜的其他国家。同时，从企业拥有的专利总数看，39 家上榜中国企业的专利总数为 2491 项，而 37 家上榜美国企业的专利总数为 1419 项。

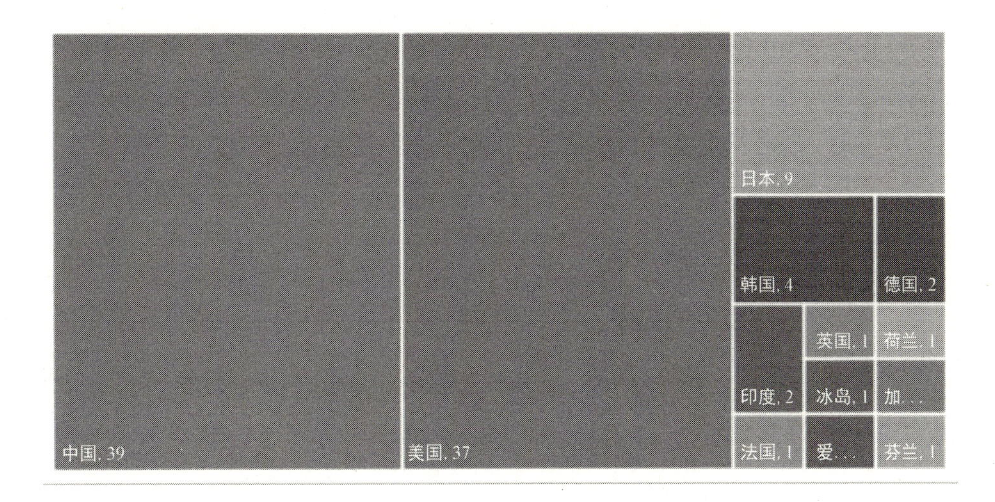


图 5-2　上榜企业的国家或地区分布（截至 2021 年 7 月）

### ➢ 开源生态

开源是指在开源模式下，使用方通过许可证的方式，在许可条件的限制下，可获取源代码、源数据等，并对其进行使用、复制、修改和再发布。开源社区的知识共享和多方协同有利于提高技术升级迭代和商业化项目落地的效率。在大数据领域，开源已成为生态中的绝对主流；在隐私计算领域，开源也正在成为潮流。

隐私计算整体仍处于向上发展的阶段，尚未成熟，在技术改进和升级的过程中仍需要大量投入。开源使得项目的核心研发人员与外部技术专家紧密合作，各方结合自身技术优势和应用场景分头协作、共享资源，极大地提高了隐私计算技术研发、用户需求应对和商业化产品落地的效率。

近几年，国内外很多大厂和专攻技术研发的创业团队都在积极开源。表 5-2 归纳了目前国内外隐私计算领域的主要开源项目情况。

表 5-2　目前国内外隐私计算领域的主要开源项目（截至 2021 年 7 月）

| 序号 | 项目名 | 开源时间 | 机构 | 技术路径 |
|---|---|---|---|---|
| 1 | PySyft | 2017 年 7 月 | OpenMined 开源社区 | 多方安全计算、联邦学习 |
| 2 | TF-Encrypted | 2018 年 3 月 | DropoutLabs、Openmined、阿里巴巴 | 多方安全计算 |
| 3 | EzPC | 2018 年 4 月 | 微软 | 多方安全计算 |
| 4 | Asylo | 2018 年 5 月 | 谷歌 | 可信执行环境 |
| 5 | MesaTEE | 2018 年 9 月 | 百度 | 可信执行环境 |
| 6 | FATE | 2019 年 2 月 | 微众银行 | 联邦学习 |
| 7 | TF-Federated | 2019 年 8 月 | 谷歌 | 联邦学习 |
| 8 | Private Join & Compute | 2019 年 8 月 | 谷歌 | 多方安全计算 |
| 9 | PaddleFL | 2019 年 9 月 | 百度 | 联邦学习 |
| 10 | CrypTen | 2019 年 10 月 | 脸书 | 多方安全计算 |
| 11 | Fedlearner | 2020 年 1 月 | 字节跳动 | 联邦学习 |
| 12 | Rosetta | 2020 年 8 月 | 矩阵元 | 多方安全计算 |
| 13 | KubeTEE | 2020 年 9 月 | 蚂蚁集团 | 可信执行环境 |

从开源项目的活跃度和影响力来看，联邦学习的开源生态为工业化的落地应用贡献了强劲力量，其中最有影响力的当属 TF-Federated 和 FATE。

- TF-Federated（TensorFlow Federated）

TF-Federated 是谷歌基于 TensorFlow 开源的。TensorFlow 是谷歌于 2015 年开源的一套综合性的机器学习系统框架，开源之前仅供内部使用。可以说，从搜索排名到应用商城推荐，从 Gmail 反垃圾到 Android 系统，几乎所有的谷歌产品都用到了 TensorFlow。

为了促进联邦学习的开放研究和实验，2019 年谷歌开源了 TF-Federated，开发者可以利用 TF-Federated 开发和试验联邦学习算法。同时，TF-Federated 提供的构建模块也可以用于实现机器学习以外的普通统计计算，例如对分散式数据进行聚合分析。

在开源 TF-Federated 之前，谷歌推出了 TensorFlow Privacy，旨在让开发者更容易训练具有强大隐私保障能力的 AI 模型，目前二者已可以集成。但是，目前 TF-Federated 仅支持实验室环境的学术研究，而且关注的范围基本局限在类似谷歌输入法的横向联邦学习中。

- FATE

FATE 是微众银行于 2019 年 2 月开源的，源于微众 AI 团队自主研发的联邦学习项目。

FATE 提供了一种基于数据隐私保护的分布式安全计算框架，为机器学习、深度学习和迁移学习算法提供了高性能的安全计算支持，支持同态加密、SecretShare 等多种多方安全计算协议，简单易用。

作为国内联邦学习的扛旗者，微众开源 FATE，引发了国内联邦学习的热潮。目前，FATE 社区已有超 370 家企业、164 所高校参与合作，国内绝大多数联邦学习商业化产品也或多或少地引用了 FATE 的框架。

除了 TF-Federated 和 FATE，百度开源的 Paddle FL 和 OpenMinded 开源的 Pysyft 也有一定的影响力，在这里我们不过多展开，仅做简要对比，如表 5-3 所示。

表 5-3　主要的联邦学习开源项目对比

| | TF-Federated | FATE | Paddle FL | Pysyft |
|---|---|---|---|---|
| 牵头机构 | 谷歌 | 微众银行 | 百度 | OpenMinded |
| 定位 | 学术研究 | 工业产品、学术研究 | 学术研究 | 学术研究 |
| 联邦学习类型 | 横向联邦学习 | 横向联邦学习、纵向联邦学习、联邦迁移学习 | 横向联邦学习、纵向联邦学习 | 横向联邦学习 |
| 支持的特征工程 | 不支持 | 特征分箱、特征选择、特征相关性分析等 | 不支持 | 不支持 |
| 支持的机器学习算法 | 逻辑回归、深度神经网络等 | 逻辑回归、决策树、深度神经网络等 | 逻辑回归、深度神经网络等 | 逻辑回归、深度神经网络等 |
| 安全协议 | 差分隐私 | 同态加密、秘密分享等 | 差分隐私 | 同态加密、秘密分享 |

### ➢ 联盟组织

联盟组织可以在技术发展过程中发挥关键的纽带作用，促进企业与企业之间、企业与市场之间的交流，在信息、资源等方面互通，发挥辐射带动作用，掌握技术发展先机。目前，国内外均有与隐私计算相关的联盟组织成立。

国外比较知名的联盟组织是 Linux 基金会旗下的机密计算联盟（Confidential Computing Consortium），于 2019 年成立，专注于可信执行环境的技术路线，关注基于可信硬件和云服务生态的数据安全。该联盟的创始会员包括阿里巴巴、腾讯、ARM、谷歌、英特尔、微软、百度、华为等世界级企业，2020 年 AMD、英伟达、埃森哲、R3 等新一批知名企业也陆续加入。

在国内，2020 年 12 月，为提升行业认知，推进隐私计算技术与应用的融合，提升隐私计算行业的认知，在工业和信息化部相关司局的指导和支持下，中国信通院云大所牵头成立了公益性合作平台“隐私计算联盟”（Privacy-Preserving Computing Alliance）。目前，该联盟已有包含技术厂商、政府单位、运营商和金融机构等在内的近 70 余家成员单位，成为国内最有影响力的技术社群。

此外，国内还有一些由企业发起的隐私计算联盟。2020 年 9 月，蚂蚁集团发起“共享智能技术联盟”，吸引了阿里巴巴、联通大数据、NVIDIA、环外科技、光大银行、网商银行、中安保险等科技公司、金融机构和国内研究机构，该联盟现已更名为“PCTA 隐私计算技术联盟”。区块链领域在 2021 年 6 月也成立了一个同名的隐私计算技术联盟（Privacy Computing In China，PCIC），专注于区块链领域的隐私计算应用，9 家创始机构分别为 OasisNetwork、Findora、Certik、MantaNetwork、Phala、CabinVC、Candaq、中国技术经济学会区块链分会、Blocklike。

➢ **标准规范**

在技术发展的初期，少部分先入局的企业在探索中野蛮生长。如何将复杂的技术原理转化为商业化的产品实现，每家技术厂商都有自己的观点。百家争鸣，不同观点之间交叉碰撞，这对于一套新兴的技术来说是极好的，可以孵化出很多具有创造性的想法。

但技术的最终使命是业务应用。作为技术的载体，产品如何构建、如何落地，将对市场用户的业务形态产生重要影响。随着技术的发展，入局者越来越多，鱼龙混杂，这时就需要制定技术标准，划定技术可用的底线，给出产品通用和易用的参考，规范化地约束和引导厂商的技术开发。

因此，促进隐私计算产业的有序发展，技术标准与规范体系的建立是十分必要的。对于技术提供者来说，技术标准可以建立行业的基础门槛，提升隐私计算技术厂商的服务能力。对于市场用户而言，技术标准可以帮助用户理解隐私计算的特点与能力，方便用户选型。

就技术标准的影响范围而言，我们可以从国际标准和国内标准两个层面来看。

- 国际标准

自 2019 年开始，ISO/IEC、IEEE、ITU-T 等国际组织开始制定隐私计算领域的国际标准，这些标准主要由阿里巴巴、蚂蚁集团和微众银行等国内互联网大厂主导。但目前已完成并发布的国际标准仅有 IEEE P3652.1《联邦学习架构框架与应用指南》，如表 5-4 所示。

IEEE（电气电子工程师学会）是目前全球最大的非营利性专业技术学会，也是全球最大的专业技术协会之一。2018 年 12 月，微众银行发起的关于联邦学习架构和应用规范的标准 P3652.1 在 IEEE 批准立项。该标准于 2020 年 9 月完成终稿，并于 2021 年 3 月正式发布。此外，IEEE 在 2019—2020 年分别通过了由阿里巴巴牵头的《多方安全计算技术框架》的立项，以及由蚂蚁集团牵头的《共享学习系统技术框架及要求》《基于可信执行环境的安全计算》的立项。也就是说，隐私计算的三项主要技术方案都已有相应国际标准在 IEEE 立项。

表 5-4　隐私计算领域的相关国际标准情况（截至 2021 年 7 月）

| 组织 | 标准名称 | 状态 | 发起单位 |
| --- | --- | --- | --- |
| IEEE | P3652.1 *Guide for Architectural Framework and Application of Federated Machine Learning*（《联邦学习架构框架与应用指南》） | 2018 年立项<br>2021 年发布 | 微众银行 |
| | P2842 *Recommended Practice for Secure Multi-Party Computation*（《多方安全计算参考框架》） | 2019 年立项 | 阿里巴巴 |
| | P2830 *Standard for Technical Framework and Requirements of Shared Machine Learning*（《共享学习系统技术框架及要求》） | 2019 年立项 | 蚂蚁集团 |
| | P2952 *Standard for Secure Computing Based on Trusted Execution Environment*（《基于可信执行环境的安全计算》） | 2020 年立项 | 蚂蚁集团 |
| ISO/IEC JTC1 SC27 | ISO/IEC 19592-1 *Information technology - Security techniques - Secret sharing*（《信息技术　安全技术　秘密分享》）[1] | 2016 年发布 | —— |
| | ISO/IEC 18033-6 *Information technology - Security techniques - Encryption algorithms - Part 6：Homomorphic encryption*（《信息技术　安全技术　加密算法　同态加密》） | 2019 年发布 | —— |
| | ISO/IEC 4922-1 *Information security - Secure multiparty computation - Part 1: General*《信息安全　多方安全计算　第 1 部分：通用》） | 2020 年立项 | 德国标准化学会 |
| | ISO/IEC 4922-2 *Information security - Secure multiparty computation-Part 2: Mechanisms based on secret sharing*（《信息安全　多方安全计算　第 2 部分：基于秘密分享》） | 2020 年立项 | 德国标准化学会 |
| ITU-T SG16 | *Technical Framework for Shared Machine Learning System*（《共享学习系统技术框架》） | 2019 年立项 | 蚂蚁集团 |
| ITU-T SG17 | *Technical Framework for Multi-Party Computation*（《多方安全计算技术框架》） | 2019 年立项 | 阿里巴巴 |

1 国际标准的文件名，文件名格式已按照官方形式确认调整，余同。

国际标准化组织 ISO/IEC 于 2020 年通过了由德国标准化学会发起的多方安全计算国际标准，该标准将分为通用的多方安全计算和基于秘密分享的多方安全计算两部分，目前正在制定中。此前，ISO 也从传统信息安全技术的视角，分别在 2016 年和 2019 年发布了《信息技术 安全技术 秘密分享》和《信息安全技术 加密算法 第 6 部分：同态加密》两项标准。相较于近两年才逐渐明确的隐私计算技术体系，这两项标准提出得更早，主要作为密码学的基础理论为相关实现提供参考，但仍可对目前的隐私计算发展起到指引性作用。

除此之外，国际电信联盟 ITU-T 也有隐私计算的相关标准立项。蚂蚁集团于 2019 年在 SG16（多媒体焦点组）牵头立项了《共享学习系统技术框架》。同年，阿里巴巴在 SG17（安全焦点组）牵头立项了《多方安全计算技术框架》。

通过上述内容可以看出，国内几个科技大厂主导了大部分目前已发布或正在制定的隐私计算领域国际标准，且标准的主要内容基本上是功能技术框架。

- 国内标准

相比国际标准，国内隐私计算相关标准的制定和迭代更加高效，已经从基础的功能标准开始向产品性能、安全性等方向拓展，从而加速构建更加完善的隐私计算技术标准体系。

2018 年，中国通信标准化协会大数据技术标准推进委员会（CCSA TC601）开始制定隐私计算领域的相关团体标准，由中国信通院云大所牵头，目前已完成《基于多方安全计算的数据流通产品　技术要求与测试方法》《基于联邦学习的数据流通产品　技术要求与测试方法》《基于可信执行环境的数据计算平台　技术要求与测试方法》《区块链辅助的隐私计算技术工具　技术要求与测试方法》四项针对产品基础功能的标准，其中多方安全计算和联邦学习的两项标准已完成修订，更新为 2.0 版本。

随着技术的火热发展，隐私计算的商业化产品数量飞速增长。市场对于产品的考量标准已经从可用上升为易用、好用。此时，从基础理论要求出发，缺乏系统工程化效果考量的功能标准已不能满足厂商技术升级和用户差异化选型的需求。作为用于辅助数据流通的关键技术，产品面对大数据属性下的性能要求和面对合规监管下的安全性要求都必不可少，相关标准化工作亟待完善。

因此，2021 年中国通信标准化协会继续针对多方安全计算、可信执行环境和联邦学习三类技术路线分别立项了性能标准和安全标准。如表 5-5 所示，在中国信通院云大所的牵头下，各项行业标准正在加速制定。除此之外，为了解决不同厂商提供的产品之间的技术壁垒，助力实现跨平台协作的《隐私计算　跨平台互联互通》系列标准也已完成行标立项，正在快速制定。

除了上述标准，全国信息安全标准化技术委员会 TC260、中国人工智能产业发展联盟 AIIA、中国人工智能开源软件产业发展联盟 AIOSS 等组织也针对隐私计算编写或发布了相关技术标准。

**表 5-5　中国信通院云大所牵头制定的隐私计算相关标准情况**

| | 标准名称 | 标准类别 | 进展 |
|---|---|---|---|
| 功能标准 | 基于多方安全计算的数据流通产品 技术要求与测试方法 | 团体标准 | 已完成 |
| | 基于联邦学习的数据流通产品 技术要求与测试方法 | 行业标准 | 报批稿 |
| | 基于可信执行环境的数据计算平台 技术要求与测试方法 | 团体标准 | 已完成 |
| | 区块链辅助的隐私计算技术工具 技术要求与测试方法 | 团体标准 | 已完成 |
| 性能标准 | 隐私计算 多方安全计算产品性能要求和测试方法 | 团体标准 | 报批稿 |
| | 隐私计算 联邦学习产品性能要求和测试方法 | 行业标准 | 报批稿 |
| | 隐私计算 可信执行环境产品性能要求和测试方法 | 行业标准 | 已提交立项 |
| 安全性标准 | 隐私计算 多方安全计算产品安全要求和测试方法 | 行业标准 | 送审稿 |
| | 隐私计算 联邦学习产品安全要求和测试方法 | 行业标准 | 报批稿 |
| | 隐私计算 可信执行环境产品安全要求和测试方法 | 行业标准 | 已提交立项 |
| 互联互通 | 隐私计算 跨平台互联互通（系列标准） | 行业标准 | 部分已报批 |

2020 年 11 月，中国人民银行正式发布金融行业标准《多方安全计算金融应用技术规范》（JR/T 0196—2020）。该标准由中国人民银行科技司提出并负责起草，主要规范了如何在金融场景中部署和应用以多方安全计算为代表的隐私计算。2021 年 7 月，中国支付清算协会发布《多方安全计算金融应用评估规范》（团体标准）。这些标准都在技术本身的基础上，对隐私计算如何在金融行业应用进行了拓展。

### ➢ 资本支持

从投融资趋势上看，仍处于早期发展阶段的隐私计算对资本有强大的吸引力。

国外已有一些代表性的创业企业获得了资本的支持：2015 年创立的致力于同态加密的瑞士公司 Inpher 得到由华尔街巨头摩根大通等资本领投的 1400 万美元投资；2018 年成立的隐私计算跨国团队 Cape Privacy 在 2021 年 4 月获得了 evolution 资本领投的 2000 万美元，这一项目还入围了 2021 年 RSAC（网络安全界的全球顶级系列盛会）创新沙盒竞赛“最具创新力的初创企业”十强候选名单。

从国内公司的情况看，据权威统计，2020 年，网络安全及隐私相关企业共获得融资 107 亿美元，较 10 年前增长了 5 倍。其中，投资方对于隐私计算赛道的认可度大幅提升。参考天眼查的公开信息，我们整理了国内隐私计算领域相关企业的投融资情况，如表 5-6 所示。据不完全统计，从 2016 年到 2021 上半年已有 23 家隐私计算领域的相关企业累计获得了 89 次融资机会。表 5-6 中列出的仅是已公开的数据，还有一些企业的投融资情况并未公开发布。在这里，我们统计的企业对象侧重于初创企业，其中势必囊括一些大数据、区块链、人工智能转型公司，但对于隐私计算的布局在一定程度上也已成为这些企业获得投融资机会的重要砝码。此外，互联网大厂、金融机构及其扶持的金融科技公司、已上市企业等暂未纳入统计范围。

**表 5-6　国内隐私计算领域相关企业的投融资情况[1]（不完全统计）**

| 序号 | 公司名称 | 成立时间 | 获投次数 | 融资轮次 | 累计金额 | 投资方 |
|---|---|---|---|---|---|---|
| 1 | 北京冲量在线科技有限公司 | 2020 年 | 1 | 天使轮 | 数百万美元 | IDG 资本 |
| 2 | 北京九章云极科技有限公司 | 2013 年 | 8 | C 轮 | 数亿元 | 赛富投资基金、中关村发展前沿基金、广发乾和、襄禾资本等十余家机构 |

1 数据来源：根据天眼查公开信息统计，统计范围为 2018 年 1 月至 2021 年 7 月间进行的投融资。

续表

| 序号 | 公司名称 | 成立时间 | 获投次数 | 融资轮次 | 累计金额 | 投资方 |
|---|---|---|---|---|---|---|
| 3 | 北京融数联智科技有限公司 | 2020年 | 3 | Pre-A轮 | 数千万元 | 云上产业基金、水木清华校友基金、英诺天使基金等 |
| 4 | 北京瑞莱智慧科技有限公司 | 2018年 | 5 | A轮 | 数千万元 | 智慧互联产业基金、卓源资本、达泰资本、松禾资本、百度风投等十余家机构 |
| 5 | 北京神州泰岳智能数据技术有限公司 | 2009年 | 3 | 未公开 | 未公开 | 飞图创投、铂鸿资本、英诺天使基金、苏宁易购、水木投资集团 |
| 6 | 北京数牍科技有限公司 | 2019年 | 2 | A轮 | 未公开 | 招商局创投、红点中国、红杉中国种子基金 |
| 7 | 光之树（天津）科技有限公司 | 2017年 | 3 | A轮 | 数千万元 | 险峰旗云、中诚信征信、策源创投、心元资本、巢生资本、快创营创投 |
| 8 | 杭州锘崴信息科技有限公司 | 2019年 | 2 | A轮 | 数千万元 | 启明创投、黎刚资本 |
| 9 | 杭州趣链科技有限公司 | 2016年 | 6 | C轮 | 十数亿元 | 凯利易方资本、易方达资产管理、树兰医疗、新湖中宝等十余家机构 |
| 10 | 杭州算数力科技有限公司 | 2019年 | 1 | Pre-A轮 | 数千万元 | 真格基金、高兴资本 |
| 11 | 华控清交信息科技（北京）有限公司 | 2018年 | 4 | B轮 | 未公开 | 联想创投、香港交易所、高榕资本、中关村海淀园创业服务中心、荷塘投资、中互金投、中关村科学城、OPPO集团、迅策科技、中金公司、浦信资本、华兴资本等 |
| 12 | 矩阵元技术（深圳）有限公司 | 2014年 | 1 | 天使轮 | 1.5亿元 | 分布式资本、万向控股 |
| 13 | 蓝象智联（杭州）科技有限公司 | 2019年 | 2 | 未公开 | 数千万元 | 金沙江创投、联想之星、万向区块链 |
| 14 | 厦门渊亭信息科技有限公司 | 2014年 | 2 | A轮 | 数亿元 | 中电中金、厦门创投、猎鹰投资 |
| 15 | 上海富数科技有限公司 | 2016年 | 8 | C轮 | 数亿元 | 中网投、同创伟业、亚信安全、晨山资本、达泰资本、虹云创投、无忧公积金、伯藜创投、麦达数字等 |

续表

| 序号 | 公司名称 | 成立时间 | 获投次数 | 融资轮次 | 累计金额 | 投资方 |
|---|---|---|---|---|---|---|
| 16 | 上海凯馨信息科技有限公司 | 2015 年 | 1 | 天使轮 | 近千万元 | 驰星创投 |
| 17 | 深圳市洞见智慧科技有限公司 | 2020 年 | 3 | Pre-A 轮 | 数千万元 | 元起资本、飞凡数联影响力创投、心元资本、中诚信征信、华道创投、珞英投资 |
| 18 | 深圳致星科技有限公司 | 2018 年 | 4 | A++轮 | 数亿元 | 华泰创新、招银国际资本、红树成长、基石资本、香港科技园、红杉资本中国 |
| 19 | 同盾科技有限公司 | 2012 年 | 3 | D 轮 | 数亿美元 | 广发全球投资基金、国泰全球、招商资本、GGV 纪源资本等十余家机构 |
| 20 | 西安纸贵互联网科技有限公司 | 2016 年 | 8 | B+轮 | 数亿元 | 赛富投资基金、星链投资、一八九六资本、百颐创业、蓝石投资等近十家机构 |
| 21 | 星环信息科技（上海）股份有限公司 | 2013 年 | 7 | D+轮 | 数亿元 | 晶凯资本、新鼎资本、任君资本、金石投资、中金公司、深创投等二十余家机构 |
| 22 | 翼健（上海）信息科技有限公司 | 2015 年 | 2 | B 轮 | 数千万美元 | 中芯聚源、奇绩创坛、LDV Partners 复盛创投等 |
| 23 | 云从科技集团股份有限公司 | 2015 年 | 10 | C 轮 | 十数亿元 | 中网投、上海国盛集团、隽赐投资、海尔资本、盛世景、国新央企、粤科金融、顺为资本、金泉投资、杰翱资本等三十余家机构 |

从投融资数量看，如图 5-3 所示，2019 年以来，隐私计算已经成为投资领域的热门赛道，相信未来还会有更多的资本进场。从投融资轮次分布来看，如图 5-4 所示，在所有融资中，34 件处于 A 轮及之前，占总体的 38%，如果进一步剔除未公

开具体信息的事件，A 轮及之前的投资事件占比接近 60%。同时，上述事件中，投资金额大多从千万级起步，说明许多企业在创业初期就能得到投资机构的青睐。尽管此时的企业大多只有概念设想，还未将产品落地，但其核心研发团队的技术实力已能获得资本的肯定。

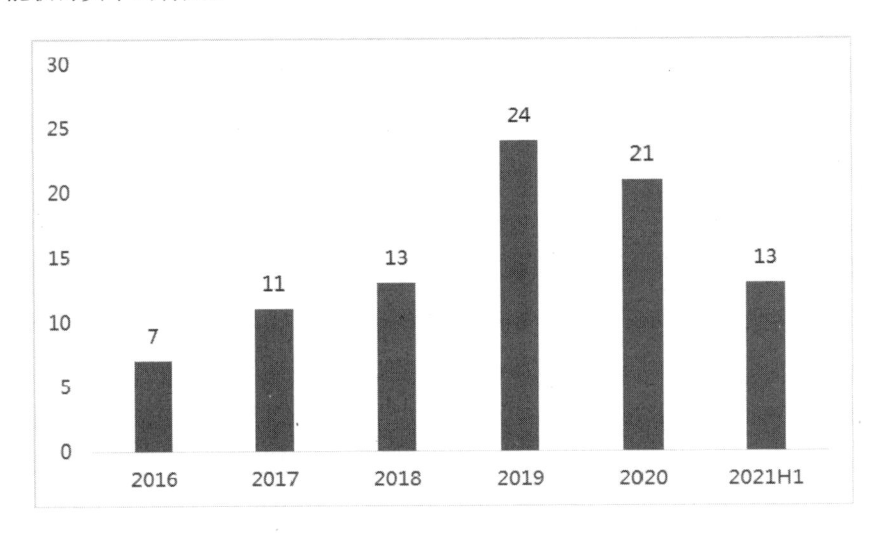


图 5-3　隐私计算相关企业投融资数量（2016—2021 年）

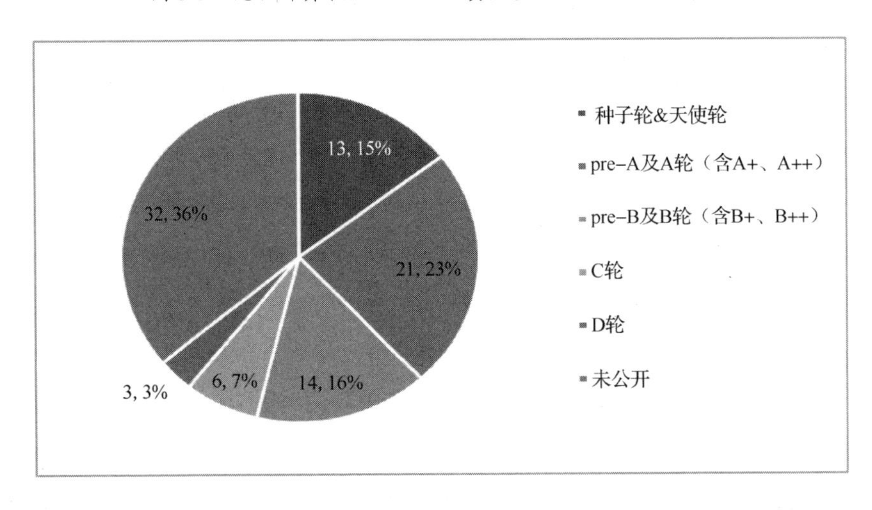


图 5-4　隐私计算相关企业投融资轮次分步（2016—2021 年）（截至 2021 年 7 月）

总体来看，行业还在早期阶段，所以大量资本抓住早期轮次迅速进场。在投资机构的助力下，隐私计算赛道竞争将愈发激烈，整个行业的热度也将持续攀升。

## 5.2 透过内部市场竞争看隐私计算

### ➢ 国外市场

从前面的分析中我们可以看出，无论是政策环境、学术研究、技术的开源生态，还是标准体系和资本支持，隐私计算产业发展都迎来了绝佳的时机。从隐私计算本身的发展历程来看，最早一批布局隐私计算研究和应用落地的还是欧美企业，除了微软、谷歌、英特尔这些为隐私计算引路的巨头，第一家致力于多方安全计算的技术厂商早在 2008 年就诞生了。区别于商业项目，国外企业前期侧重于理论研究和开源生态的建设，商业化进程更加平稳，产业生态整体似乎并未形成火热竞争或寡头垄断的格局。同时，从应用场景上看，与国内跨机构数据流通方向的产业热点不同，国外企业推进隐私计算商业化应用的方向仍侧重于辅助区块链或加密虚拟货币的场景。

#### ● 巨头领路人

微软、谷歌、英特尔等科技巨头对于新兴技术的发展嗅觉灵敏，有较强的前瞻性，率先意识到了隐私计算的价值。微软从 2011 年开始深入研究多方安全计算；谷歌在全球率先提出联邦学习的概念；英特尔打造 SGX，成为绝大部分可信执行环境实现方案的底座。

微软研究院自 2011 年开始大规模推进多方安全计算的研究，从两方安全计算入手，逐渐拓展至三方安全计算和不存在交互行为的多方安全计算。但微软前期的 MPC 研究存在两个瓶颈：一是加密协议只对一些简单的分析功能有效，如聚类分析、线性回归等；二是计算的执行必须运行在低水平的与或门电路中，麻烦且低效。2018 年，微软印度研究院推出了 EzPC 项目，希望克服上述两个问题。作为一个高效、可扩展的 MPC 协议，EzPC 是一个加密成本感知编译器，使用算术和布尔电路的组合，通过高级语言执行计算，支持神经网络训练和预测等复杂的算法。

谷歌是联邦学习的引路人，2017 年 4 月，谷歌便提出了联邦学习的概念，并于两年后发布论文，给出了 ToC 的可扩展大规模移动端联邦系统的描述，用于改进谷歌输入法的自动关联与推荐。2019 年 8 月，谷歌同步开源了 TensorFlow Federated 和 Private Join and Compute。前者是针对联邦学习的，相关内容我们已经在开源生态部分介绍；后者是新型多方安全计算开源库，结合了隐私求交（PSI）和同态加密两种基本的加密技术，帮助各组织和隐私数据集协同工作，针对个别项目还使用了随机密钥进行高度加密，提高了隐私性。

英特尔在 2013 年推出的 SGX 和 ARM 在 2005 年推出的 TrustZone 处于 TEE 硬件的垄断地位。但从目前基于 TEE 实现数据流通和计算的商业化方案看，SGX 占据着更大的版图。

- 最早的隐私计算企业

事实上，前面提到的这三家企业都不是最早将隐私计算商业价值变现的。如果要定位最早出现的布局隐私计算商业化的企业，我们会发现丹麦一家名为 Partisia 的私营公司。Partisia 成立于 2008 年，最早期的主要业务方向是提供 MPC 软件的定制化解决方案，用于保护商业秘密，例如在合同签订、拍卖等场景中保护议价等。在 Partisia 的官方介绍中，从最初到现在，MPC 已经明显成熟，计算速度至少提高了 100 万倍，因此，Partisia 开始打造基于 MPC 保护数据隐私的通用计算架构。目前，Partisia 的主要业务方向是将 MPC 与区块链结合，并用于数据加密存储、数据流通平台和金融反欺诈。

- 其他国外企业

目前，国际上的隐私计算公司和项目并不少，很多大型公司和初创企业都开始布局隐私计算。

在大型互联网企业中，IBM 致力于将同态加密和云服务结合，帮助用户数据安全上云，并在 2013 年开源了同态加密软件库 HElib；脸书则依然专攻基于隐私计算的机器学习，在 2019 年 10 月开源了基于 PyToych 的隐私计算机器学习框架 CrypTen。

在创业公司中，最早一批成立的 Sharemind、Privitar 致力于搭建自研的多方安全计算平台，Sharemind 同时也提供搭载 SGX 的 TEE 产品方案；Cape Privacy 和华尔街巨头摩根大通投资的 inpher 致力于结合密码学和机器学习为数据科学家提供企业级 SaaS 平台；Duality 基于密码学开发的 Duality SecurePlus 平台在新冠肺炎疫情中支撑了哈佛医学院等医疗机构在不泄露病例隐私的情况下分析 DNA 特定基因组变异对新冠肺炎症状的影响。

从应用来看，目前国外隐私计算项目中的很大一部分都是面向区块链和加密虚拟货币场景的。麻省理工学院创办的区块链公司 Enigma 推出了基于多方安全计算的新加密系统，并与英特尔合作研发了基于 SGX 的 TEE 实现。由“计算机安全教母”、华人教授宋晓东创办的明星区块链项目 Oasis Labs 则致力于将 TEE 应用于执行智能合约，打造基于区块链的云计算平台。美国的 Unbound Tech 和丹麦的 Sepior，主要方向是将 MPC 技术应用于分布式密钥管理领域。相关国外代表性隐私计算创业企业的基本情况如表 5-7 所示。

表 5-7 国外代表性隐私计算创业企业的基本情况

| | Sharemind | Cape Privacy | inpher | Duality | Oasis Labs |
|---|---|---|---|---|---|
| 成立时间 | 约 2012 年 | 2018 年 | 2015 年 | 2016 年 | 2018 年 |
| 简介 | 打造下一代的具有端到端数据保护和审计的数据驱动服务 | 为数据科学家构建一个可以秘密共享加密数据的平台 | 打造隐私保护的机器学习和数据分析平台 | 致力于研究大数据/云环境下的数据安全与隐私保护技术 | 致力于构建基于区块链和可信执行环境的“云计算平台” |
| 技术路线 | 多方安全计算、可信执行环境 | 多方安全计算、同态加密 | 多方安全计算、同态加密 | 同态加密 | 可信执行环境 |
| 产品名称 | Sharemind MPC、Sharemind HI | The Cape Privacy Encrypted Learning Platform | XOR SecretComputing | SecurePlus | Oasis Labs |
| 开源项目 | 无 | Cape Privacy | TFHE 同态加密库 | 无 | 无 |
| 历史融资 | 未知 | 2500 万美金 | 1400 万美金 | 2000 万美金 | 4500 万美金 |

总体来看，国外尚未出现隐私计算巨头或独角兽企业，现有的应用落地大量集中于区块链和加密虚拟货币场景，其余项目的业务形态则大多是提供定制化的解决方案。面对数据流通的切实需求，仍是几乎全新的增量市场。

### ➢ 国内市场

跟国外相比，我国企业真正开始布局隐私计算的时间要晚一些，大约在 2016 年之后才真正出现落地项目，但国内企业产业化发展的速度和效率要明显高于国外企业。自 2018 年开始，国内隐私计算进入了快速启动期，投入研究和发布相关产品企业数量激增，市场一片火热。

- 主要玩家

如果要对现在国内隐私计算的技术提供者进行分类，可以从应用场景中的角色出发，把这些技术提供者划分为两大类。

一类是独立的技术提供者，基本上都是规模偏小（只是相对大型企业而言）的创业公司。这些企业大都没有自己的数据源或数据业务，只需要作为中立的第三方，为用户提供产品或解决方案，其生存之道是对外提供算法、算力和技术平台。此类参与者的相关理论技术较为扎实专业，但市场开拓难度大，以专攻隐私计算的创业企业为主，也有一些传统大数据技术转型企业及泛区块链领域的转型企业。

另一类是业务需求者。这类企业要么有着丰富的数据源和数据业务，要么有着强烈的数据流通或交易需求，研发产品的主要目的是保证自身数据业务合规。虽然在某些场景中这些企业也会作为独立的技术提供者，但当其自身作为数据源，提供隐私计算平台与其他数据源的链接时，由于具有双重身份，会面临中立性、公正性的质疑。互联网大厂、金融机构与金融科技企业及电信运营商等均是这类企业的代表。

- 独立的技术提供者

专攻隐私计算的技术初创企业在 2015 年后陆续成立，这些企业大多背靠国内外相关领域的高校和学术资源，从小而精的研发团队开始建立完全自研的技术方案，有明确的技术路线和规划，代表性企业有华控清交和数牍科技。华控清交成立于 2018 年 6 月，由清华大学发起，由徐葳教授担任首席科学家，团队主要研发负责人均来自清华大学交叉信息研究院，有着强大的人才优势，也是华控清交最早喊出了隐私计算实现数据“可用不可见可控可计量”的口号。数牍科技成立于 2019 年 8 月，其自研的 Tusita 多方安全隐私计算平台集成了多方安全计算、联邦学习、分布式系统等核心能力。

传统大数据公司转型企业长期扎根在数据相关的业务领域，一方面对于市场需求有着足够的敏锐度，另一方面积累了足够的数据资源或业务资源，有利于技术产品的快速推广，代表性企业有富数科技和同盾科技。富数科技成立于 2016 年，其自研隐私计算平台 Avatar 集成了富数多方安全计算、联邦学习、联盟区块链等多方面核心能力，创始团队具有丰富的金融、营销、互联网行业经验与背景，因此其产品迅速在多个场景中落地。同盾科技成立于 2012 年，多年从事金融大数据服务，积累了大量的数据模型和银行客户资源。同盾科技提出了“知识联邦”的概念，致力于打造一个支持安全多方检索、安全多方计算、安全多方学习（联邦学习）、安全多方推理等技术方案的统一框架。

泛区块链领域的转型企业也是较早布局隐私计算的一批企业。区块链虽然解决了信任问题，但公开透明和全节点验证的机制无法很好地保护需要上链的隐私数据。这时，隐私计算就成为补足区块链弱点的一大法宝。正因如此，区块链企业迅速意识到隐私计算的价值并开始布局，最具代表性的企业有矩阵元和冲量在线。矩阵元成立于 2014 年，最初致力于企业级区块链基础设施构建，2017 年开始联合武汉大学、上海交通大学等高校学者搭建多方安全计算平台。目前，矩阵元已开源其自研的隐私 AI 框架 Rosetta，该框架承载和结合了隐私计算、区块链和 AI 三种典型技术。冲量在线成立于 2020 年，主要创始人来自百度区块链团队，公司技术团队人员占比达 80%，目前已成为可信执行环境领域的代表性企业。

- 业务需求者

业务领域覆盖全面的国内互联网巨头是较早入局隐私计算的企业。百度、腾讯、京东、蚂蚁集团、字节跳动等互联网巨头凭借自己在技术领域的积累，自 2019 年开始纷纷推出了各自的隐私计算产品，形成了跨业务、多团队、强支撑的发展态势，不同业务线根据自身的业务特点和需求，选择一种或多种技术方案融合的方式进行开发。蚂蚁集团以多方安全计算和可信执行环境为重，旗下的摩斯平台是国内最早落地应用的产品之一，同时开源了 KubeTEE 项目。百度以可信执行环境为主，开发了 MesaTEE 安全计算平台，同时基于其深度学习核心框架飞桨（PaddlePaddle）开源了联邦学习框架 PaddleFL，这一点跟谷歌和脸书的路线很像。腾讯、京东和字节跳动则都以联邦学习为主，并且都根据多业务线分头开发相应产品。腾讯既有神盾 Angel PowerFL 联邦计算平台，又有腾讯云联邦学习应用平台软件。京东云有智联云联邦学习平台，京东数科有联邦模盒。不过，随着京东科技的成立，两个团队的技术能力和平台或将进行整合升级。

作为数据密集型企业，金融机构与金融科技企业是数据流通与安全应用的最主要需求者，国有大型银行的研究院或事业部均开始了隐私计算技术的研究工作。最具代表性的是微众银行，其在国内较早提出了联邦学习的概念，并通过 FATE 平台产品、FATE 开源社区和各种白皮书及国际标准、行业标准在产业内迅速推广了联邦学习。除了银行，我们也看到，平安科技、神谱科技、百融云创、度小满等金融机构或金融科技提供者纷纷开发了自己的联邦学习平台，将传统的数据建模、数据分析等业务升级到基于隐私计算的服务中。

金融机构更多是数据资源和应用的需求方，电信运营商则因为手握大规模的数据资源，成为数据流通产业最有力的资源提供方。为拓展业务形态，移动、联通、电信三家中国运营商均在集团层面确定了隐私计算技术的选型与应用，天翼电商、电信云等子公司，还自建平台，服务于内部或其他机构的数据流通业务。而且，无论是天翼的 CTFL 天翼联邦学习平台，还是电信云的诸葛 AI-联邦学习平台，都是参考 FATE 开源框架的落地实现的。

除了以上这些行业企业，传统能源企业、政务服务企业也正在加速研究和尝试应用隐私计算，一方面期望把自己业务中积累的大量数据资源变现，另一方面希望借数据要素市场化的东风来更新、升级原有的业务形态和模式。

前面我们分类介绍了国内隐私计算的代表性企业，表 5-8 进一步梳理了国内代表性隐私计算企业的情况。

表 5-8　国内代表性隐私计算企业

| 公司类型 | | 公司简称 | 成立时间 | 技术路线 | 产品名称 | 正式版发布时间 |
|---|---|---|---|---|---|---|
| 技术提供者 | 隐私计算初创企业 | 华控清交 | 2018 年 | 多方安全计算 | PrivPy | 2019 年 |
| | | 隔镜 | 2018 年 | 可信执行环境 | 天禄 | 2020 年 |
| | | 星云 Clustar | 2018 年 | 联邦学习 | 星云隐私计算平台 | 2020 年 |
| | | 数牍 | 2019 年 | 多方安全计算 | Tusita | 2019 年 |
| | | 锘崴 | 2019 年 | 联邦学习 | 锘崴信 | 2019 年 |
| | | 融数联智 | 2019 年 | 多方安全计算 | UPAI | 2020 年 |
| | | 蓝象智联 | 2019 年 | 多方安全计算 | GAIA | 2020 年 |
| | | 洞见 | 2020 年 | 多方安全计算 | INSIGHTONE | 2020 年 |
| | | 冲量在线 | 2020 年 | 可信执行环境 | 跃龙 | 2020 年 |
| | 转型企业 | 华为 | 1987 年 | 联邦学习、信执行环境 | 可信智能计算服务 TICS<br>iMaster NAIE 联邦学习部署服务 | 2020 年 |
| | | 同盾 | 2012 年 | 联邦学习 | 智邦知识联邦 | 2019 年 |
| | | 星环 | 2013 年 | 联邦学习 | Transwarp Sophon FL | 2020 年 |
| | | 矩阵元 | 2014 年 | 多方安全计算 | Rosetta、JUGO | 2020 年 |
| | | 富数 | 2016 年 | 多方安全计算、联邦学习 | Avatar（阿凡达） | 2019 年 |
| | | 翼方健数（BaseBit.ai） | 2016 年 | 联邦学习、可信执行环境 | XDP（翼数坊） | 2019 年 |
| | | 趣链 | 2016 年 | 联邦学习 | 趣链联邦计算软件 | 2019 年 |
| | | 光之树 | 2017 年 | 可信执行环境、联邦学习 | 天机可信计算框架、云间联邦学习平台 | 2019 年 |

续表

| 公司类型 | | 公司简称 | 成立时间 | 技术路线 | 产品名称 | 正式版发布时间 |
|---|---|---|---|---|---|---|
| 业务需求者 | 互联网公司 | 百度 | 2000 年 | 多方安全计算、联邦学习、可信执行环境 | MesaTEE、点石、PaddleFL | 2018 年 |
| | | 蚂蚁集团 | 2004 年 | 多方安全计算、联邦学习、可信执行环境 | 摩斯、共享智能、隐语、蚂蚁链数据隐私服务 | 2018 年 |
| | | 阿里巴巴 | 1999 年 | 多方安全计算、联邦学习、可信执行环境 | DataTrust、器学习 PAI | 2021 年 |
| | | 腾讯 | 1998 年 | 多方安全计算、联邦学习、可信执行环境 | 神盾 Angel PowerFL、腾讯云联邦学习平台 | 2020 年 |
| | | 字节跳动 | 2012 年 | 多方安全计算、联邦学习 | Fedlearner 、Jeddak、火山引擎隐私计算平台 | 2020 年 |
| | | 京东 | 1998 年 | 多方安全计算、联邦学习、可信执行环境 | 京东智联云联邦学习平台、联邦模盒、万象+隐私计算平台 | 2020 年 |
| | 金融机构 | 招商银行 | 1987 年 | 多方安全计算、联邦学习 | 慧点隐私计算平台 | 2021 年 |
| | | 上海浦东 | 1992 年 | 联邦学习 | 波塞冬联邦学习产品 | 2021 年 |
| | | 平安科技 | 2008 年 | 联邦学习 | 蜂巢 | 2018 年 |
| | | 微众银行 | 2014 年 | 联邦学习 | FATE | 2019 年 |
| | | 建信金科 | 2018 年 | 联邦学习 | 建信金科数据安全计算平台 | 2021 年 |
| | 运营商 | 天翼电商 | 2011 年 | 联邦学习 | CTFL、大禹-天翼数据融通平台、PrivTorrent 密流安全计算 | 2020 年 |
| | | 电信云 | 2012 年 | 联邦学习 | 诸葛 AI | 2020 年 |
| | | 中移系统集成 | 1999 年 | 联邦学习 | 中移联邦计算服务平台 | 2020 年 |

通过表 5-8 的简要对比，我们可以看到不同类型企业技术路线的区别。

多方安全计算的复杂度高、开发难度大，但有着极高的通用性且密码学安全理论扎实，所以，技术领先的隐私计算初创企业多致力于此，专注于打造以底层多方安全计算技术为基础的数据流通基础设施。而且，这些企业提供的大多是完全自研的技术方案，但由于技术的复杂性高，所以研发投入时间较长。

可信执行环境在硬件上的局限性及对国外芯片的强依赖性，使其在国内的产品选型相对较少，大都集中于互联网大厂和小部分初创企业，但目前已出现了创业企业与国内芯片企业在国产化硬件研发上合作探索的案例。

对联邦学习而言，由于机器学习类应用需求的突出，且有较成熟的开源社区为基础，开发难度相对较低，所以，运营商、金融科技公司等业务需求方都专注在联邦学习的产品化上，并且工程化开发实现的时间很短，基本上半年以内就可以上线应用。

- 竞争格局

从 2018 年到现在，国内应用隐私计算的企业数量几乎呈指数级增长。在最早的一批互联网大厂和专精型创业团队之后，大量大数据、AI、金融科技和传统数据安全企业开始转型，纷纷入局隐私计算。时至 2021 年上半年，我们经常能听到这样的自我介绍：

“我们是做数据安全工具产品的，但现在数据流通和隐私计算这个方向必须关注起来了！”

“我是政务大数据治理的综合服务商，现在隐私计算是我们的一个重点关注方向！”

到目前为止，市场仍处在早期阶段，还是鱼龙混杂的。

那么，如何在当前的市场竞争中突出重围？技术实力、产品水平、行业理解力和生态拓展至关重要。

- 技术实力

市场竞争的核心是技术实力，可以从几个维度去考量。

一看自研功底。最早一批厂商，如互联网大厂和几个专精型初创企业，多选择从多方安全计算的路线入手，目标是搭建一套完备通用的技术底座。这往往是经过两年以上的深耕给出的一套完全自研的方案。后期入局的以业务需求者为主，大多在相关行业摸爬滚打后，积累了很多数据资源和模型基础，不强调通用性，更看重快速运用，因此，提供的大多是基于开源快速包装的产品，虽然不能确定未来市场的需求变化，但自研的功底一定能起到定海神针的作用。

二看团队深度。对于隐私计算这类重安全、重实现的复杂技术来说，顶尖的算法和工程化团队肯定是最基础的，因此，现在很多企业开始与高校合作，一方面与密码学和计算机领域的学者强绑定，另一方面稳步扩大核心研发团队。现阶段，创业公司研发团队的规模正在快速扩张，一般可以达到 100 人以上，而大厂的人才储备毋庸置疑，隐私计算相关的研发团队可以达到 500 人左右。

三看专利数量。诚然，有专利不等于能研发、能创新，专利并不能成为判断企业技术实力的客观证据，但对于一知半解的市场用户来说，这是对比企业之间差距的重要参考依据。我们在前面分析了隐私计算领域专利发明的整体趋势，在这里我们聚焦技术厂商个体。依然参考全球新兴隐私技术发明专利排行榜（TOP100），分析上榜的国内企业（如表 5-9 所示），“BATJ” 大厂系依然在榜单中遥遥领先，但值得注意的是，这个榜单的统计领域包含密码学隐私技术、差分隐私技术、可信硬件隐私技术和 AI 隐私技术，而差分隐私、可信硬件等技术在传统数据安全领域早就有很多应用，所以，很多传统数据安全公司或有数据安全需求的大型企业也会出现在榜单之中。如果去除这些企业，再看下面的榜单，那么可以看出，在大厂系之后，紧跟的是华控清交、矩阵元两家隐私计算公司，以及趣链、同盾科技、旷视科技、星云 Clustar 等在区块链、大数据和 AI 领域高度活跃的知名企业。

表 5-9　国内企业的专利数量和全球排名（截至 2021 年 7 月）

| 企业名称 | 专利数量 | 榜单排名 | 企业名称 | 专利数量 | 榜单排名 |
|---|---|---|---|---|---|
| 蚂蚁集团 | 704 | 1 | 中国工商银行 | 20 | 48 |
| 阿里巴巴 | 299 | 3 | 中国联通 | 18 | 53 |
| 中国平安 | 282 | 4 | 四川长虹 | 17 | 56 |
| 微众银行 | 144 | 7 | 格力电器 | 17 | 56 |
| 腾讯科技 | 115 | 8 | 中国银联 | 17 | 56 |
| 华为 | 115 | 8 | 握奇数据 | 17 | 56 |
| 国家电网 | 111 | 10 | 明朝万达 | 16 | 62 |
| 浪潮 | 54 | 15 | 趣链科技 | 15 | 63 |
| 中国南方电网 | 45 | 18 | 联想 | 13 | 69 |
| 京东数科 | 42 | 20 | 奇安信 | 13 | 69 |
| 中国电科 | 40 | 22 | 安恒信息 | 12 | 75 |
| 中国移动 | 37 | 26 | 同盾科技 | 11 | 82 |
| 百度控股 | 35 | 29 | 旷视科技 | 11 | 82 |
| 360 | 33 | 30 | 观安信息 | 10 | 90 |
| 如般量子 | 29 | 31 | 小桔科技 | 10 | 90 |
| 中兴 | 29 | 31 | TCL 集团 | 10 | 90 |
| OPPO | 27 | 36 | 云象 | 9 | 95 |
| 中国银行 | 26 | 38 | 泰康 | 9 | 95 |
| 华控清交 | 25 | 40 | 星云 Cluster | 9 | 95 |
| 矩阵元 | 25 | 40 | — | — | — |

- 产品水平

底层技术之上是产品落地与应用。对于B端用户来说，产品的通用性、易用性都是重要的考量点。通用性强调产品能够支撑多样的应用场景，提供丰富的功能模块，甚至支持用户自定义实现，为用户提供一站式服务；易用性则关注产品的学习成本和部署成本，如何把复杂的技术理论转化封装成简洁、直观、灵活、便捷的工具化产品是其关键。

面对形态各异的产品，用户怎样获得对比的客观依据？这时，权威机构的检测认证就变得重要起来。目前市场上普遍认可的是中国信通院云大所依据 CCSA TC601 相关标准开展的隐私计算技术产品能力评测，其自 2019 年下半年开始启动，目前已完成 4 批近 90 次产品评测。最早几批针对产品的可用性，分为多方安全计算、可信执行环境、联邦学习和区块链辅助的隐私计算四类产品，主要评估产品是否具备实现隐私计算的最基础功能，提供选择但不强调支持全面的可选功能。但随着产品数量的快速增长，仅通过基础功能并不能有效反映产品之间的差异，因此，在 2021 年上半年的评测中，增加了产品性能和安全性检测项目，以帮助市场用户在相同的场景中对比不同产品在系统工程化效果方面的差异，并评估产品是否真正安全。

- 行业理解力

隐私计算的应用只是一个环节，技术最终要服务并穿透数据流通业务整体，因此，产品的构建不能脱离用户业务的全周期，只有足够熟悉用户的业务形态和流程，并与实际场景相结合，才能为用户业务赋能。这一点是厂商在 PoC（Proof of Concept）的过程中无法调试优化的，更需要团队本身具备自底向上的、扎实的理解力。

在这方面，就要依靠企业的“出身”和市场团队的背景。如果团队成员具有丰富的金融、营销、互联网、政务等行业经验和背景，或者企业是从相关行业转型而来的，那么这些企业必定很清楚用户真正运行任务时可能会在哪些环节出现问题、在意哪些指标和细节，自然也能获得用户的信任和依赖。

- 生态拓展

从长远看，隐私计算势必成为数据流通基础设施的关键底座，将连通所有行业资源，在更多的场景中落地。目前，大家更多的是在自己的优势领域圈地。未来，只有快速掌握关键数据源渠道，拓展交通物流、智慧城市、工业制造等场景应用，才能在竞争中脱颖而出。

根据目前的产业现状和竞争格局判断，未来隐私计算行业发展可能向着寡头市场、互联互通、多体系共存这三种格局进行演变。

一是寡头市场。在厂商自由竞争、无外部因素干预影响的前提下，由于马太效应，头部极少数玩家形成寡头市场，类似于社交市场的微信。从近几年的市场现状看，早期出现的头部企业属实亮眼，但还没出现统治级的产品和应用。

二是互联互通。在监管方、行业协会入局制定规范标准的前提下，行业基于共识标准，共同构建互联互通大平台。互通平台类似于智能手机，可插拔算法类似于移动端 App。在筑牢基础技术能力后，不同厂商形成了差异化的优势，无法互相替代，届时必将促进平台间的互联互通，织成一张产业级的数据流通网络，厂商之间可能会通过竞争从平台提供者中分化出独立的算法提供者。

三是多体系共存，在技术范式、行业垂类、资本背景等有明显区别，且有一致的内部共同利益的前提下，在整个行业中将形成若干个内部互联的体系，类似于通信行业中的三大运营商。当头部企业更加明确、优势更加突出时，其他企业就需要抱团取暖。

- 市场展望

从商业模式上看，隐私计算厂商的营业收入可以分为两部分，一是传统的软件销售和服务收入，二是通过隐私计算平台上的业务运营产生利润分成。

但是，目前国内隐私计算行业整体还处在规模化商用的前期，产业发展所依赖的成熟商业环境尚未形成。

2018 年之前，只有互联网大厂和少数几个创业团队布局隐私计算，这些企业大多要花上两年左右的时间进行技术研发，才能将产品落地。到了 2019 年，大部分产品可以投入应用，但市场对隐私计算还是一无所知。面对复杂且略显“黑盒化”的隐私计算，厂商们花了大量精力用于技术科普和市场教育，告诉大家隐私计算是什么。到了 2020 年，隐私计算的前期普及已经完成，市场火热程度加倍，用户才开始愿意进行 POC 测试。直到 2021 年，规模化的产品招标与应用才开始出现。

目前，我们可以确认，隐私计算项目的收入是很低的，而且都是提供独立的平台产品和解决方案。那么，隐私计算的产业规模究竟有多大？

从商业模式上看，隐私计算厂商的收入模式最终将形成两种主要形式。一是提供技术应用的系统平台或解决方案，类似于传统的软件销售和服务收入，提供平台部署、调试和后续的配套运维服务，同时，不同的企业或机构用户亦会有一定程度的个性化和定制化需求。二是基于隐私计算平台上的数据流通活动产生利润分成，此时技术厂商将更加深入到数据流通服务的角色中，与数据流通平台的运营者共享收益，运营商、传统大数据转型企业和金融科技公司等掌握大量数据资源的隐私计算技术厂商将在这种模式下发挥优势。只不过，目前的落地项目提供的还是第一种模式下的"软件"或"解决方案"，因此，仅根据目前的落地项目的情况，肯定是无法估算市场规模的——大部分定制化的产品和方案不具有客观性。

2021 年，毕马威等相关机构在《隐私计算行业研究报告》中给出了一些估值思路，参考国内大数据产业规模和软件产业的占比关系，预计国内隐私计算市场规模将快速发展，3 年后技术服务营收有望到达 100 ~ 200 亿元，甚至撬动千亿级的数据平台运营收入空间。但在这个过程之中，隐私计算还需要孵化成熟的商业模式，而这需要市场广泛认可、政策法规扶持、应用场景拓展等多方面因素共同推动。

从全球范围看，无论是在国内，还是在国外，隐私计算拥有的都是一片崭新的市场，全部是增量空间。并且，相对国外来说，国内隐私计算企业已经抢占了市场先机。但是，在行业发展初期，商业环境尚不成熟，市场格局未定，无论国内还是国外尚未出现具有绝对支配地位的技术龙头，也没有出现杀手级的落地应用，留给市场发展的空间还很大。

# 第 6 章　隐私计算的法律合规问题

自数字经济兴起以来，各国先后出台了众多法律法规和国际条约，以约束和规范数据的采集和使用，提出了授权同意、匿名化和安全审查等一系列合规要求，其目的在于保障国家数据安全，维护市场竞争秩序，保护个人隐私、个人人身及财产安全、个人数据自主权利等相关利益。在数据合规日趋严格的背景下，隐私计算技术提供了在合规前提下充分挖掘数据价值、促进数据流通的一种可能的解决方案。但与此同时，如何评估隐私计算技术及相关产品的法律合规性，也成为行业普遍关心的热点问题。因此，从法律视角来看，首先要明确隐私计算涉及的合规性基础（即隐私计算解决了哪些合规性问题），其次要对隐私计算产品的全流程进行风险分析（即隐私计算本身或使用了隐私计算后仍然存在哪些合规风险），最后在结合法律要求和业务实际的前提下，运用相应技术方案和管理手段，将合规风险控制在可接受的范围内。

# 6.1 隐私计算有助于提升数据流通和使用的合规性

人工智能联合建模、金融行业联合风控、电商行业精准营销等领域对数据融合的需求日益旺盛，各国对数据隐私保护的法规和监管力度也日趋收紧。隐私计算由于具有降低参与方的授权的风险和成本、实现数据“可用不可见”、增强参与方对数据流通的控制和遵循最小必要原则等特性，在满足监管要求的前提下，有助于实现数据的互联互通，促进数据产业的发展。

➢ **隐私计算有助于降低参与方授权的风险和成本**

以个人数据为例，在传统中心化的建模中，由于参与方可以获取各方的原始数据，所以凡是可能接触到原始数据的所有参与方，都应当受到个人信息保护的诸多复杂限制。但在隐私计算中，假设一手数据源首先获得了个人信息主体的授权同意，或在获取数据后对数据进行脱敏、加密处理，使输入模型的数据满足了法律要求的匿名化要求，那么输入模型的数据不再属于个人信息的范畴，此后其他参与方对数据的计算和分析也可能不再需要经过个人信息主体的重复授权，从而减少了建模分析过程中由授权引发的法律风险和成本支出。

➢ **隐私计算有助于促进数据流通**

企业在挖掘数据价值的同时，也有威胁到个人隐私、商业秘密和公共安全的风险。例如当数据被不正当使用或者流转时，可能会为企业带来侵权和违约等风险，企业实际享有的数据资产也会由于数据后续不受控的共享交易而损耗数据的稀缺性，进而降低企业的核心竞争优势。因此，部分企业由于合规压力选择封闭数据，部分选择开放数据的企业仍在担忧数据在流通中被非法留存和调用。在国家核心数据、行业重要数据和公共数据的场景中，部分政务数据和运营商数据由于保密要求和国家安全等原因不能对外共享，因此形成了一个个数据孤岛，数据之间不能互通，数据的价值无法得到充分的发挥。

隐私计算技术有助于保证数据在处理、流转的过程中解决数据不出本地、减少数据暴露和泄露的风险等现实需求，进而减轻相关数据主体的顾虑，充分挖掘数据的流通价值。

目前，我国尚未建立数据流通的相应制度和具体规则，数据交易市场尚处于自发形成秩序的阶段。基于前文所述内容，隐私计算技术结合匿名化、授权同意等合规要求，可以形成相对完善的隐私保护技术方案，有助于剥离数据的权属和使用价值，在法律尚未明确数据确权等基础问题的阶段，降低数据流转的风险。

#### ➢ 隐私计算可增强参与方对数据流通的控制

传统形式的数据流通和联合建模涉及不同参与方之间的数据共享、交易和委托处理等过程，参与方一般通过合同的形式约束彼此之间的责任和义务。从数据流通的环节来看，如果输出的是原始数据，那么数据输出方在事实上会丧失对数据本身和后续流通的控制，也会因此丧失对数据资产事实上的控制权。数据接收方除了可能会罔顾合同约定，将数据秘密转卖或者提供给其他主体，还可能会由于信息安全漏洞等原因导致数据泄露。因此，这些风险在传统联合建模的形式下只能依靠合同约定、保密协议、合规承诺函及事后司法救济的方式应对。

隐私计算使数据“可用不可见”，因此更易控制数据的用途和用量，使得参与方可以通过技术方法（而不是传统的合同协议等外部管理方式），如可执行的多方合约来对数据的使用进行控制。同时，参与方也可以在评估风险的基础上通过切片化、标签化及脱密处理等方式控制输入模型的梯度和参数信息，增强对数据流通涉及信息的控制力，并因此降低流通过程和其他参与方带来的风险。

### ➢ 隐私计算符合最小必要原则的精神

最小必要原则是指数据收集行为的范围应当限于最小必要信息，例如只获取保障某一服务类型正常运行最少够用的个人信息。我国的《民法典》《网络安全法》《个人信息保护法》《信息安全技术 个人信息安全规范》，以及欧盟的《通用数据保护条例》（GDPR）均将最小必要原则作为立法和规范的基本原则之一。

在传统数据建模流程中，往往需要各参与方将收集的或存量信息裸输出至一个处理中心，此种输出行为在法律上可能被认定为超出信息主体授权同意的处理目的和处理范围，与最小必要的原则相悖。与此相反的是，隐私计算技术在存储、传输和融合等多个流程的设计和运行中，均与最小必要原则的精神一致。

例如，联邦学习各参与方的数据始终在本地存储，传输和融合的仅是加密后的模型相关信息，这本身就符合数据最小化的要求。以逻辑回归纵向联邦学习为例，训练模型需要参与方共同计算梯度。参与方可选择增加每次训练的样本量，以减小每个样本泄露的数据量和可能性。多方安全技术在保证各参与方获得正确计算结果的同时，无法获得计算结果以外的信息，对梯度和中间值添加噪声等技术也有助于防止逆推出原始数据及其特征分布。由于在计算过程中，各参与方对于数据的接触都被限定在了尽可能小的范围内，因而也符合数据最小必要原则的要求。差分隐私技术可通过增加干扰的方式，增强对中间梯度结果的保护，减少外部攻击者和下游接收方能够获得信息的可能性，尽可能最小化梯度暴露的程度，进而降低原始数据被重新识别的风险。同态加密技术则支持在密文上进行计算，避免数据处理者和攻击方直接接触明文数据。因此，这两种技术可以减少原始数据泄露的风险，在某种程度上和数据最小化原则的要求是一致的。

### ➢ 隐私计算可成为匿名化技术方案的重要组成部分

对于隐私计算技术本身是否是实现匿名化的技术手段这一问题，有业界人士认为隐私计算技术本身是实现匿名化的技术手段之一。联邦学习等隐私计算技术可以对中间结果进行碎片化处理或加密计算，实现最终输出的数据既无法还原原始数据，也无法重标识到原始数据中的个人，因此可以满足法律对匿名化所设定的标准。模型对外输出的信息也由此不再属于个人信息，继而可规避部分数据合规的风险。笔者认为，隐私计算技术目前主要能解决的问题集中在数据处理和输出的环节，在概念上属于匿名化处理方案的一个组成部分，而并非单独采用隐私计算技术即可实现数据的匿名化。

就匿名化的概念而言，我国《民法典》第一千零三十八条第一款规定：信息处理者不得泄露或者篡改其收集、存储的个人信息；未经自然人同意，不得向他人非法提供其个人信息，但是经过加工无法识别特定个人且不能复原的除外。《网络安全法》第四十二条也规定：网络运营者不得泄露、篡改、毁损其收集的个人信息；未经被收集者同意，不得向他人提供个人信息。但是，经过处理无法识别特定个人且不能复原的除外。《个人信息保护法》第七十二条则明确将匿名化后处理的信息直接排除出个人信息的范畴外，并将匿名化定义为通过技术处理，使得个人信息主体无法被识别，且处理后的信息不能被复原的过程。

在我国立法尚未对匿名化的实现方法进行进一步明确、实践中也缺乏匿名化相关的司法案例的情况下，判断是否能满足匿名化要求的基本原则标准即为“无法识别”和“不能复原”。在未达到匿名化的标准之前，在未经过个人明确同意或经法律特别授权的情况下，对个人数据进行处理必须要满足法律对个人信息保护的相关复杂规制。

就隐私计算本身的基本流程而言，将原始数据未经匿名化处理之前输入隐私计算模型，其本身就构成了对数据的处理，对数据进行联合建模也有可能会构成对数据的超范围使用，因此授权同意的维度存在一定的法律风险。在联合建模的过程中，也有诸多文献证明存在从梯度模型和参数信息反推出原始数据的可能性。在计算结果输出模型的环节，输出结果也可能因为计算结果可在结合其他信息的情况下推断出隐私信息，因此难以满足匿名化的要求。因此，在无法对隐私计算的技术方案和实施效果进行周延论证的情况下，隐私计算本身不能想当然地满足匿名化的要求。

因此，笔者认为在不与其他技术方案和管理制度结合的前提下，单纯的隐私计算技术很难满足法律就授权同意和匿名化设定的合规要求。另外，匿名化数据本身和个人数据之间也并非泾渭分明，已匿名化的数据也可能会因场景变化、技术进步等因素重新被判定为个人数据。因此，除了隐私计算等技术本身，事前风险评估、合规制度建设、监督机制和各参与方之间的协作方式等都是影响匿名化效果的重要因素。本章会在合规建议部分，对相应的机制和制度建设进行更详细的论述。

## 6.2 隐私计算技术合规风险分析

隐私计算技术涉及风险的判断方法依托于我国数据合规处理的两大合规基础，即授权同意和匿名化。授权同意主要影响原始数据的权利瑕疵和输出模型的数据是否超范围等风险点；匿名化除了影响以上两点，还涉及联合建模过程中是否有重识别原始数据和数据泄露的问题。另外，在隐私计算的全流程中，也会涉及参与方合规、侵权和跨境等风险。

- **原始数据的合规瑕疵可为数据处理带来“原罪”**

根据我国现行法律的规定，数据处理主要有三种合规性基础，即授权同意、匿名化和行政机构获权处理公共数据。就匿名化而言，目前隐私计算技术对于数据加密的可逆化程度仍值得推敲。尤其是在涉及恶意攻击方的情形下，存在攻击方采用各种策略对隐私计算加密后的密文进行反向推演，从而获取原始数据的可能性。因此在这些情况下，隐私计算对数据的处理将不能达到匿名化“不可识别且不可复原”的要求。在法律法规对匿名化的合规红线进一步明确之前，将未经授权的原始数据输入隐私计算模型，可能会使数据持有方和其他数据处理方均承担一定程度的合规风险。

在实践中，在对原始数据进行标签化处理后，尽管经过脱敏或去标识化的处理，也只能满足“去标识化”的标准而无法达到“匿名化”的要求。因此，输出的标签化数据仍然属于个人信息的范畴，存在对外输出的合规风险。另外，部分厂商会选择将原始数据通过散列函数处理。但在散列处理过后还是唯一值、本地没有做好映射规则安全保障的情况下，唯一值在联合建模过程中的计算和汇总，与直接用原始数据明文计算的区别仍十分有限，因此可能存在数据处理效果无法被监管方认可而满足匿名化要求的风险。

就数据的获取而言，当原始数据是通过非法爬虫等方式获取的时候，此类数据的持有方可能会有著作权民事侵权、不正当竞争风险和非法获取计算机信息系统数据罪的刑事风险。这类数据参与隐私计算时，相关的合规风险也可能会传导到其他的参与方。具体而言，我国《个人信息保护法》二审稿第二十一条第二款规定："个人信息处理者共同处理个人信息，侵害个人信息权益的，应当承担连带责任。"在GDPR中，隐私计算的参与方也可能会被认为是数据的共同控制者。另外，实践中超范围获取数据的问题非常普遍，非直接数据源无法对一手数据源的合规情况进行摸底和溯源，因此相关的法律风险也会传导到隐私计算的每一个参与方。

### ➢ 数据和模型泄露可能减损技术的安全性

首先，即使在没有与其他参与方进行联合建模的情况下，获取原始数据的参与方本身也是数据泄露的责任主体，因此将原始数据或样本数据保存在本地的参与方需要确保建立相应的安全管理制度，采取足够的数据安全技术手段，最大限度地控制数据泄露造成的风险。

尽管联邦学习等隐私计算技术在通常情况下不再需要收集用户的原始数据，但数据中隐含的个人信息并没有得到绝对保障。为了构建联合模型，参与方仍然需要上传或共享模型参数或梯度信息，而这些数据本质上就是对原始数据按照一定规则进行的映射，几乎包含数据的所有信息。因此，在隐私计算的建模过程中，也有诸多原始数据、衍生信息、梯度和模型信息泄露的风险点。例如，在本地模型参数中隐含了用户相关信息的场景下，一旦这些参数被发送到服务器进行联邦平均后，用户的个人信息就很可能被泄露给服务器。

其次，由于全局模型参数会共享，因此用户的隐私信息也可能在这个过程中被泄露给其他联邦学习参与者。另外，无限制地调用预测接口可能会造成模型参数或样本数据的泄露。在隐私计算数据传输的环节，存在信息被中途截取、篡改和泄露的风险。在数据和计算结果的存储环节，也存在数据存储介质不当访问和未经授权使用而导致数据泄露的风险。

- **从梯度或参数信息中可能反推出原始数据**

隐私计算技术能够在对数据进行计算的同时加密，从而在一定程度上实现在原始数据不出本地的同时，解决数据流动过程中的隐私保护及安全问题。但已有研究证明，由于模型泛化能力不足和复杂模型在数据训练时对数据有一定的“记忆”效果等原因，攻击者也有在计算过程中从梯度和参数信息逆向推理出原始数据的可能性。

最近的研究表明，攻击者可以在联邦学习中通过深度梯度泄露的方式获得原始数据。Ligeng Zhu 等人的研究表明，通过生成一张虚拟图片，不断地对虚拟图片进行学习，从而减小原始图片数据和虚拟图片之间梯度的差异，虚拟图片与虚拟标签最终可以被学习为隐私数据。攻击者也可能通过 API 接口或嗅探到本地模型和中央服务器之间梯度更新的信号而进行信道攻击，从而未经授权获取模型中的数据。

Carlini 等人从训练用户语言数据的递归神经网络中提取出了用户的敏感数据，如特定的银行卡号等。Fredrikson 等人研究了如何从模型信息中窃取数据隐私，并通过药量预测实验实现了对线性回归模型的反演攻击，从中获得了患者的敏感信息。Hitaj 用生成对抗网络（GAN）对模型聚合发起攻击，实验结果表明，恶意客户端能够通过产生相似的本地模型更新来窃取用户的数据隐私。Geiping 则证明了从梯度信息重建输入数据的可行性与深度网络架构无关，可以将一批输入的图像用余弦相似度和对抗攻击的方法恢复出来。

在具体行业应用方面，医疗机构特定患者的临床记录通常被用于训练与现存疾病相关的医疗数据模型。当恶意攻击方采取前述攻击策略之一，并发现某个特定患者的临床医疗记录被用于模型训练时，可能发现该特定患者患有某种疾病的事实，并因此泄露了患者的隐私和敏感信息。在金融场景中，用户身份也非常敏感，成员推断攻击等单纯泄露用户的部分敏感数据也可能会对用户和金融机构的安全和声誉造成严重的影响。

此外，如果第三方服务器本身不够诚实，乃至是恶意的，那么服务器可以识别更新的参数来源，甚至进一步通过参与方多次反馈的参数推测参与方的数据集信息，可能造成参与方原始数据和部分敏感信息的泄露。

➢ **参与方可能打破技术信任的完整性**

隐私计算技术的各个参与方可以在技术信任的共识下展开数据协同计算，以形成对数据信息智能化、有效化的利用。在此过程中，某些参与方可能会承担生成和发放公私钥、加解密结果等任务，隐私计算的过程中也可能引入单纯的技术提供方或评估、认证服务提供方。但就安全角度而言，任何参与方的额外介入都可能会打破技术信任的完整性，进而引入不确定的因素。例如，参与方可能会获取计算的相关信息，可能会暴露其他参与方的数据；部分参与方可能未获得相关的资质认证和牌照；输入的数据可能存在权利瑕疵；部分参与方可能与其他参与方恶意合谋获取他方数据；部分参与方或第三方可能恶意提供伪造数据、修改模型更新、破坏全局模型聚合和在训练中留下后门等。

相比于参与方的攻击，服务器被恶意操纵的危害会更大。服务器可以在每轮参数和梯度更新的过程中接收、发送所有信息，因此存在篡改全局模型聚合过程的风险。此外，第三方的合规义务和责任承担也是值得探讨的问题。例如，第三方需要承担的数据合规义务是否与其他参与方相同；第三方机构在何种情况下需要承担比普通参与方更加严格的数据合规义务；各个参与方的义务和责任如何在各个环节明确切分，防止一方的合规风险传导到其他参与方处；参与方之间如何对彼此的行为实施有效的实时监督等。

➢ **计算过程中可能侵犯商业秘密或知识产权等权利**

隐私计算涉及多个参与方，其中数据提供方为对原始数据本身享有权益的主体，数据持有方是为隐私计算提供数据的个人或组织，数据计算方是为隐私计算提供算力、中心服务器等的技术提供方，数据结果方是最后接收隐私计算输出结果的主体，各主体之间并非泾渭分明，在实际情况中往往会存在主体身份的重合。由于我国立法尚未明确数据的确权问题，隐私计算的参与方理论上暂时不会直接侵犯他人的数据产权。但在发生数据泄露时，相关参与方可能会侵犯其他参与方的商业秘密、知识产权和数据库权等法益。我国法院肯定了人群信息数据库属于商业秘密，另外，在《欧盟数据库指令》下，没有独创性的数据库享有数据库权，具有独创性的数据库享有数据库权和著作权的双重保护。

### ➢ 输出计算结果可能仍包含敏感信息

在输出最终计算结果时，各参与方也需要确保输出的结果不存在隐私风险。例如在金融机构和征信机构合作预测某个借款人信用的场景，如果在输出预测结果的同时泄露了借款人的 ID，则有可能泄露借款人本身有借款需求的信息。因此金融机构可能需要通过隐私集合求交集或隐私信息检索等方式，在预测借款人信用的同时不泄露借款人的 ID，从而实现输出结果阶段的隐私保护。

另外，在实践中关于输入数据的风险是否会传导到输出结果的问题也有诸多争议。部分结果接受方本身没有参与联合建模，最终输出的例如统计数据等结果无法识别输入的原始信息，满足匿名化的要求，但输入的原始数据本身存在授权、超范围使用等权利瑕疵。在这种场景下，原始数据的合规风险是否会影响输出结果的可用性，结果方是否有权继续使用输出结果，是否需要共担原始数据的侵权风险等问题，仍然有待立法和实践的进一步研究。

### ➢ 参与方存在超范围使用数据的风险

从理论上看，隐私计算的参与方通过隐私计算技术实现数据的联合建模和分析，在这个过程中不需要对原始数据进行交互，只需回传部分数据的计算模型信息。如果可以确认并证明从这些信息中无法识别、复原原始数据，就不需要额外获得用户的授权同意（获取原始数据的一手数据源仍需要获得用户无瑕疵的授权同意）。然而，鉴于匿名化的标准仍有待明确，隐私计算技术方案的安全性难以得到周延的论证，在实践中为了尽可能规避合规风险，企业往往选择尽可能获取用户的授权同意。

在实践中，获取每个个人信息主体符合法律要求的授权同意难度极高。隐私计算的参与方很难在一开始与用户签订的协议中明确将联合建模等内容纳入隐私政策中，二次获取用户授权导致的用户体验问题也是实践中普遍存在的难题，这些问题在数据经过多手流转之后自然会愈发复杂。尤其是在一手数据源较为强势、后续数据需求方无力干涉一手数据源的权利瑕疵，只能被迫承受数据源带来的“合规原罪”的情况下，超范围使用数据的合规风险和自证合规的压力问题会更为严重。

例如，部分企业在个人信息保护政策（或隐私政策）的对外数据共享部分会表述为用户的个人数据可能会被用于大数据分析，企业可能会对外公开并与合作伙伴分享经统计加工后不含身份识别内容的信息，用于了解用户如何使用服务或让公众了解服务的总体使用趋势。隐私计算的联合建模过程基本可以被该隐私政策中对使用过程的描述所覆盖。但就数据使用的目的而言，隐私政策中告知的数据使用目的是“了解用户如何使用我们的服务”，通常可被合理理解为通过在 App 界面埋点等方式获取用户与 App 本身的交互数据等内容。如果多方通过对用户标签的交集或并集等方式进行联合建模，以形成一个更全面的、可被多方使用的精准营销或风控模型，则很明显地超出了隐私政策的告知范围，也超出了一般个人用户能预想到的数据使用范围。笔者认为此类情形在超过向用户告知的数据使用目的和范围方面可能存在一定的法律风险。

### ➢ 可能涉及多国法律管辖及承担境内存储的义务

在隐私计算涉及云存储、处理数据的个人信息主体本身属于其他法域的公民等场景时，可能会由于数据存储在境外云服务器而产生数据传输跨境、属人管辖和长臂管辖等，导致隐私计算的数据处理过程受到欧盟 GDPR、美国加州 CCPA 等多国法律的管辖。

我国《网络安全法》和《个人信息保护法》均规定，关键信息基础设施的运营者在我国境内运营中收集和产生的个人信息和重要数据应当在境内存储。当确实需向境外提供时，应当按照国家网信部门会同国务院有关部门制定的办法进行安全评估。我国新出台的《数据安全法》也规定，非经中华人民共和国主管机关批准，境内的组织、个人不得向外国司法或者执法机构提供存储于中华人民共和国境内的数据。另外，我国的一些单行规定也已明确禁止一些特殊行业的重要数据不得跨境转移，这些行业包括但不限于金融、征信行业、网约车、健康信息、网络出版、财务会计、民航等行业。例如《征信业管理条例》第二十四条规定，征信机构在中国境内采集的信息的整理、保存、加工，应当在中国境内进行。

在立法趋势层面，根据最近颁布的《个人信息出境安全评估办法（征求意见稿）》，本地化存储的主体从关键信息基础设施运营者扩大到了所有的网络运营者，即任何主体在中华人民共和国境内运营中收集和产生的个人信息和重要数据，都应当在境内存储。因此建议相关市场参与者密切关注立法和监管的最新动向，及时根据最新合规要求对存储的方式进行动态调整。

## 6.3 关于合规路径的探讨

在法律和监管层面，隐私计算技术乃至数据交易流通产业涉及的合规红线仍不明确。在技术层面，要求隐私计算参与方完全避免一些技术固有的风险，也不具有现实可能性。我们仍建议相关企业在分析技术产品和技术方案风险点的基础上，结合现有域内外法律法规和行业的最佳实践，探索平衡合规、效率和精度要求的合规实践路径。与此同时，积极参加行业协会的交流与活动，增强与监管方的双向互动，及时监管最新动向和行业的最佳实践，改进内部的合规建设。

### ➢ 搭建合规基准框架和内部合规管理制度

企业可以梳理不同业务线的合规风险情况和业务发展的紧迫程度，从高风险和高重要性的业务出发，以该业务最主要适用的强制性外部法律法规为基础，搭建内部合规制度框架。在基础架构搭建完成后，逐步建立外部法规与内部政策文件之间的映射，从而确保法律法规设定的义务和责任均可以被反映到企业的内部管理制度中。在建立制度的同时，也需要通过相应的技术工具、平台，把制度落实到企业的审批、评估、报告等业务流程中，从业务和技术的源头出发，减少合规风险及其带来的潜在损失。

在完成基础制度和技术工具的搭建后，企业可依照推荐性国家标准、行业标准、团体标准和行业最佳实践对制度和工具进行持续优化。同时，也需要实时跟进立法和监管的最新进展，确保最新的合规要求可以及时反映、补充到企业的制度中。

### ➢ 根据输入模型的数据选择合规路径

在将数据输入模型前，参与方应当首先将对标的数据进行定性分析，例如可将数据按照个人数据、未成年人数据、企业数据、公共数据、重要数据、核心数据、跨境数据、商业秘密、知识产权等维度进行拆分。在对部分数据是否属于个人数据存疑时，企业可以结合具体数据使用的场景，根据该数据与其他信息结合是否可以识别到个人特定身份来判断数据的具体类型。

针对输入数据涉及商业秘密、知识产权、重要数据等国家相关法律法规有额外规制的数据，建议企业与相关权利人进行明确的告知，并签订相应合同。在对数据进行去标识化处理之外，尽量降低数据的敏感性，满足国家关于重要数据出境等禁止性规定的要求，从源头降低数据合规风险。

在对数据的性质和类型进行判断后，参与方应当为隐私计算涉及的数据选择适当的合规基础，即匿名化、授权同意和行政机构获权处理公共数据。匿名化主要适用于个人信息的场景，数据匿名化已经成为国际数据立法的普遍要求。我国《网络安全法》第四十二条、《个人信息保护法》和《信息安全技术 个人信息安全规范》标准中也均将经匿名化处理后所得的信息排除在个人信息范围之外。基于个人信息主体授权同意的合规基础可被广泛适用于非公共数据源的场景，当涉及多重数据流转时，涉及的相关企业也需要证明同意的明确程度、授权链的完整程度等。行政机构获权处理公共数据的权力基础主要指在公共数据场景下，相关国家机构可以依照行政法规的授权获得相应数据的管理权和处分权等。

具体而言，企业应当结合隐私计算的使用场景、输入模型的具体数据和企业能够采取的技术手段选择具体的合规基础。例如在获取个人信息主体充分、明确同意的成本过高、二次征得个人信息主体同意的难度过大、一手数据源存在权利瑕疵等合规风险较高的情况下，单纯将授权同意作为单一的合规基础可能会存在较大的合规风险。但与此同时，目前的隐私计算技术发展水平无法平衡匿名化“不可识别、不可复原”的要求和业务的实际需要。在这些场景下，建议企业考虑将授权同意与去标识化的结合作为主要的技术合规路径。具体到隐私计算的应用场景，建议相关参与方最好可以在一开始把数据输入模型时依照《信息安全技术 个人信息安全规范》（GB/T 35273—2020）和《信息安全技术 个人信息去标识化指南》（GB/T 37964—2019）等要求对数据进行去标识化处理，尽量确保输出的结果在现有技术水平和合理成本负担范围内满足匿名化的要求，从而减少参与方在后续联合建模过程的合规风险。在部分流程出于效率、精度或技术水平等原因无法达到匿名化要求的情况下，建议结合采用合同约定、获取相关主体授权同意等合规路径，综合控制数据带来的合规风险。

鉴于我国关于匿名化的立法判断标准有待进一步明确，相关技术厂商和应用隐私计算的企业可以参照欧盟第 29 条工作组发布的《第 05/2014 号意见：匿名化技术》，在完善技术方案的同时，建立匿名化方案配套的风险评估和控制机制。在整体风险控制层面，建议对技术方案的隐私泄露和安全风险进行客观、全面的评估，评估已采取的措施是否充分，并对技术方案进行相应的调整；针对现有技术限制和突发状况等因素所带来的剩余风险（Residual Risk），厂商需要定期评估是否产生了新的风险，并持续对风险因素进行检测和控制。

厂商还应充分考虑匿名化相关因素，在此基础上建立以匿名化为核心的风险控制方案。相关因素包括但不限于原始数据的性质、现行的监管机制、输入模型的样本大小和量化特征、接收数据的第三方、可能出现的攻击者、个人信息主体等利益相关方的申诉机制等。

在对个人数据进行匿名化处理时，厂商应公布或允许查询单独使用或混合使用的匿名化技术，并从数据集中清除明显的个人特征或准标识符（Quasi-identifier）。例如，在选择数据概括化处理时，即使是同样的数据属性，也不应受限于某一项数据概括化标准。总之，应为不同的数据集选择不同的位置细度（Location Granularity）或时间间隔（Time Interval）。相关企业也可以参照我国《信息安全技术 个人信息去标识化效果分级评估规范（征求意见稿）》的要求，从是否能直接识别主体、是否消除直接标识符、是否可接受重标识的风险和是否属于聚合数据的角度，判断相关数据的风险程度和去标识化达到的效果。

在企业选择授权同意作为主要合规路径时，建议企业确保隐私政策在对数据使用目的和范围的描述可以涵盖隐私计算等联合建模的内容。在关于隐私政策内容的“具体”程度方面，相关企业可以考虑参照欧盟数据保护第 29 条工作组发布的《2013 年 3 月关于目的限制的意见》。该意见指出，单纯将数据使用的目的描述为改善用户体验、用于营销目的、用于 IT 安全目的或展开进一步研究，并且在没有更多细节描述的情况下通常是不符合法律要求的“具体”标准的。在实现方式方面，建议企业在初版隐私政策不够明确的情况下，采用交互式二次授权等方式，再次征得相关个人信息主体的同意。

### ➢ 控制参与方带来的风险

隐私计算的参与方可基于对其他参与方的了解和其他实际情况，基于半诚实或恶意的参与方、诚实但好奇的聚合服务器等假设签订多方合作协议，并在合作协议中明确具体的技术架构。隐私计算的相关参与方也应当在考虑其他参与方的可问责性、恶意参与风险和泄露风险等因素的基础上，梳理隐私计算所涉及的全部流程，通过合同详细地约定所有参与方的权利、义务及责任，尽可能明确各参与方在每个环节的责任承担和合规义务，从而在后续追责方面切断参与方之间的合规风险传导。例如在共享去标识化数据时，共享方可通过协议禁止信息接收方发起对数据集中个体的重标识攻击、将数据关联到外部数据集或未经许可共享数据集，并为每种可能遇到的违约情形约定相应的违约责任。

此外，在正式开展隐私计算前，参与方也应当对所有的参与主体、隐私计算的过程、涉及的具体标的数据、数据的合规基础和具体应用场景等多个方面进行全面的风险评估。在开展隐私计算时，参与方也应对隐私计算的全流程实施持续的监控和评估，及时根据实际情况的变化来调整相关的算法和模型，从而控制数据泄露、模型投毒等造成的后续损失和影响。

### ➢ 针对跨境隐私计算进行安全评估

当隐私计算所涉及的数据本身、数据发送方和接收方、传输和存储等环节涉及跨境因素时，建议隐私计算的相关参与方在开展联合建模前共同进行全面的安全评估。就数据本身而言，参与方需要对拟跨境传输的数据分片、求和后数据或计算结果的数量、范围、类型及其敏感程度进行评估；就隐私计算的传输环节而言，参与方需要对涉及数据节点的数量和跨境分布情况进行评估；就隐私计算的参与方而言，参与方需要对数据接收方的境外数据节点或境外中心节点的安全保护措施、能力和水平，以及所在国家和地区的网络安全环境等进行评估，并最终在全局的层面对隐私计算所采取的安全保护措施是否有效、与风险程度是否相适应进行宏观评估。

- **通过技术手段控制隐私计算全流程的风险**

针对隐私计算产品本身的风险，建议相关技术厂商在梳理隐私计算全流程风险点的基础上，遵循“边界清晰、过程可控”的原则，针对每个风险点设置相应的技术控制手段，确保敏感数据全程可控。在此基础上，相关参与方还应当评估预期可以达到的风险控制效果，为数据泄露的各种情况提前准备相应的应急预案，确保数据泄露的总体风险可以控制在可接受的程度。例如针对梯度泄露的风险，可通过控制接口调用次数、对梯度信息加上加密随机掩码、使用隐私保护技术对数据结构和模型参数进行保密、梯度压缩等方式防止数据泄露。在控制攻击风险方面，可避免使用存储显式特征值的机器学习模型、运用安全多方计算和同态加密等技术保护计算的中间结果、在模型推断中暴露尽可能少的模型信息、只为计算方授予对模型的黑盒访问权限等。

### ➢ 留存证据证明企业的合规实践

首先，在与潜在客户进行沟通时，隐私计算的厂商往往需要自证合规。由于隐私计算产品具有一定的黑盒属性，用户需要更清晰地了解隐私计算的原理和过程。因此，技术厂商需要进一步提高模型和算法安全的可解释性和可解析性，通过可视化、参数分析、抓包等方式展示复杂的内部模型结构，或通过对比实验解释模型的运行原理，从而降低用户的顾虑、帮助用户理解现有技术方案的合规优势。以安全多方计算为例，系统中每个参与方除了各自的预期输出，无法获得其他额外的信息。因此，安全多方计算的技术方案至少需要能够确保和说明参与方既无法通过其他参与方的输入来构建自己的计算输入，也无法从当前参与方的输入结果推导出原始数据。

然后，在应对监管和立法机构人员时，技术厂商可能也需要说明当前的技术和安全保障方案会有多大泄露数据的风险，厂商采取了何种方法应对可能的泄露事件，隐私的保障机制是否符合当前法律法规的要求，使用该产品的客户和开发人员如何通过参数设置和其他安全方案控制数据泄露的风险等。

其次，在能对技术方案的安全性和合规性进行证明后，技术厂商和使用隐私计算产品的参与方也需要通过日志等形式对数据的输入输出、安全系统阻断非法请求的证据等进行记录，从而为可能的诉讼或其他法律行动提供证据。

最后，企业也需要积极留存内部制度、合作协议和评估报告等方面的证据，以应对监管机构可能的检查和与其他商事主体间的诉讼风险。其中，诉讼风险突出体现在过错责任的推定方面。《个人信息保护法》明确了个人信息处理者侵权的过错推定责任原则，即“个人信息权益因个人信息处理活动受到侵害，个人信息处理者不能证明自己没有过错的，应当承担损害赔偿等侵权责任”。换言之，由于法律预设个人信息处理者有过错，企业要证明自己在数据处理、数据保护中不存在过错极其困难，企业在诉讼中将具有较高的败诉风险。在司法实践中，一些被告企业被要求证明自己不存在过错、已履行信息安全保护义务等，最终由于极高的证明责任和难以提供相关证据而承受败诉结果。

同时也存在一些隐私权纠纷案，法院认为企业提供的等保测评报告、对外合作协议、任命数据保护官的通知等证据，满足了法院关于“充分履行个人信息保护义务”的要求。具体到合作协议的证据留存方面，企业也需要对数据处理的所有参与方、各方的权利义务、违约和通知的具体情形等进行存证，以证明本方的数据处理符合法律的规定和多方之间的约定。另外，此类自证合规的义务也被欧盟最新的数据流通标准合同模板确认。因此，建议相关企业可以参照司法实践中的经验，为合规制度的建设和司法实务中企业“证明自己没有过错”寻求借鉴。

此外，上海市地方标准《数据去标识化共享指南》的报批稿在对原始数据进行匿名化的标记生成过程中，也建议相关参与方对标记生成和受控重标识的过程中生成的主体信息、数据类型、主体标识、时间戳等信息进行记录和安全留存，以便于在风险事件发生后进行追查和补救。

➢ **积极参加行业组织并参与标准建设**

为了加强行业话语权，建议隐私计算产业的相关参与者积极加入有关行业协会或组织，踊跃参与行业标准的建设。在监管红线尚不明确、行业规则正在形成的阶段，通过参与标准编撰和行业探讨，参与引领和探索行业发展的方向。同时也可以借此拥抱监管，向上传达行业普遍面临的难题和最新技术进展的声音，积极与监管形成有益、互信的良好互动。

➢ **积极关注立法和监管的最新动向**

当前我国的数据立法和监管仍有诸多模糊空间，数据流通产业依然面临合规红线不明的困境。从未来立法的角度而言，今后的法律也很难对隐私计算及其他安全增强技术本身的合规性做出判断，还有可能延续现有的以授权同意和匿名化为合规基础的路径发展，进一步对隐私保护技术的效果和相关企业应当进行的合规制度建设提出更详细的要求。

总体而言，立法和监管机构很难根据企业使用了某种特定的先进技术即判定企业的数据处理满足了法律的要求。因此，隐私计算厂商和使用技术的企业仍可能需要通过技术实现的效果去匹配法律的原则性要求。企业除了对隐私计算的技术方案和合作协议本身进行合规审查，也需要从合规制度、业务流程、组织建设和人员安排等多维度证明，其已经在现有技术水平的前提下尽其所能进行了合规建设和风险控制。

就当前世界各国的数据交易流通法律规定来看，各国均认为去除数据集中包含的与个人关联的标识符即可降低识别个人的风险。因此匿名化或去标识化仍然是保护个人信息与平衡数据产业发展的主要实践路径。鉴于去标识化、匿名化的技术均存在原始数据被复原或被识别的可能，建议技术厂商在分析现有技术产品和模型的基础上结合匿名化的具体要求，在隐私计算的各个环节评估数据在多大程度上可以满足匿名化的要求，并在尽量平衡效率和风险的基础上将合规风险控制在可接受的范围内。

# 第 7 章　隐私计算面临的问题与挑战

来自各方面的声音都在告诉我们，隐私计算有很大的应用价值和市场前景，但是否真的可以说“现在隐私计算已经迎来了大爆发”？

面对这个问题，我们依然需要保持理性和客观的态度。

一个产业的爆发必然伴随着广泛的、大规模的应用投入和效益产出。因此，从当前的发展情况来看，国内隐私计算技术理论研究和产品开发火热，但总体来看，我国隐私计算行业仍处于发展初期，技术研发蓬勃发展，但商业化落地应用尚处于起步试点的阶段，隐私计算产业的真正爆发仍需等待。在这个过程中，无论技术、应用，还是市场环境都需要进一步升级和完善。本章将对隐私计算面临的问题与挑战进行简要的梳理。

## 7.1　隐私计算的技术本身需要持续性突破

从产品定位的角度看，隐私计算本质上是一种辅助于数据流通的技术工具，那么对于一个工具来说，可用、易用、好用就决定了它如何发挥价值。

什么是可用？——就是技术产品应该具备实现隐私计算的基本功能，同时，性能水平也需要能够满足实际业务应用的需求。

什么是易用？——就是如何让用户规避复杂的技术原理，更方便、更快捷地使用产品。

什么是好用？——在发展数据要素化的过程中，机构对于数据的业务需求必将持续变化、扩展和升级，这就要求隐私计算的技术产品能够良好地适应用户的应用需求，发挥技术应有的作用。

纵观整体行业，近两年投入研究和发布的隐私计算技术产品数量几乎呈指数型增长。在中国信通院云大所开展的技术产品能力评测中，我们看到 50 家企业的 67 款产品参与了隐私计算产品基础功能和性能的测试，市场上也应该还有一些产品没有参与评测。这些产品都能够满足可用、易用、好用的标准吗？

显然，还没有。我们只能说，目前大部分产品还是在能够满足“可用”的最基础要求之上向易用、好用去拓展，众多的技术专家和项目团队仍然在优化性能和平衡安全，在实现跨平台互联互通的方向上努力探索。

### ➢ 如何平衡性能和安全是持续性议题

根据我们对相关企业的调研交流及隐私计算产品性能测试中反映的结果，当前隐私计算行业整体的性能水平可以满足用户的基本需求。不过，在当前技术应用初探的阶段中，金融机构、医疗和政府单位等试点应用的场景里参与方数量和数据规模还是有限的。面向未来，如果要基于隐私计算打造国家级、产业级的数据流通基础设施，那么隐私计算的性能是否能够支撑更大的数据规模、更多的数据方和更复杂的应用场景是关键。

在技术特点上，隐私计算有着“牺牲性能换来安全”的特性，这是隐私计算在计算效率上的先天劣势。

首先，从技术定位上看，隐私计算强调多方协同，参与方之间的信息交互相比传统模式加大了通信负载，同时，与传统集中式的数据处理方式不同，隐私计算多主体的存在对计算任务提出了同步性的要求，计算节点需要同时在线、同步计算、实时通信，任何一方网络或计算资源的不足，都会对整个计算任务的效率产生影响，即计算或通信资源最受限的参与方会直接限制整个计算平台的性能。

其次，从原理上看，隐私计算中大量应用了密码学，特别是以多方安全计算和联邦学习为代表的关键技术就是围绕密码学重塑了多方数据融合的模式。在完成一个隐私计算任务的过程中，无论是各方在本地计算，还是多方对中间因子的交互传递，都会涉及密码学的应用，而密码学技术在理论层面上要比明文计算付出更大的计算和存储代价，比如同态计算的密文扩张规模可达 1~4 个数量级。当然，用户也可以选择基于可信执行环境的隐私计算方案，以隔离机制代理密码学协议和框架的应用，获得更好的性能和扩展性。但是这类方案始终要以无条件信赖硬件为安全前提，与密码学理论较为严密的证明逻辑不同，这样的信任对于用户来说不免会增加主观因素。同时，目前大部分的可信执行环境的实现还是以 Intel-SGX 等国外厂商提供的方案为内核的，虽有尝试，但国内尚未出现成熟的纯国产化方案，如何避免“卡脖子”，还需要投入力量去解决。

需要肯定的是，相比于技术孵化初期，通过算法、算力、硬件等多方面的优化，隐私计算的性能始终在不断提升，已经能够满足现有主要场景的基本业务需求。比如在基础运算、联合统计这类强调基础算子计算效率的场景中，参与性能测试的大部分产品在千万次基础运算上的表现均在分钟级甚至秒级，与明文计算的耗时差距已经明显缩小。但是在诸如亿级数据量隐匿查询、安全求交及机器学习相关的复杂计算等场景中，并非所有产品都能达到分钟级耗时，表现差异明显，大部分产品在这些场景下仍有较大的优化空间。

因此，我们需要解决的是，当未来技术应用逐步向更大数据规模、更多数据方、更复杂场景推广时，如何保障隐私计算仍然可用。不过，我们始终要注意的是，对于隐私计算的性能要求，需要从理性的角度来看，不能一味要求技术性能无止境地优化提升，隐私计算技术的安全仍是底线，优化性能必须扎根在安全的基础上。

### ➢ 互联互通壁垒或使数据“孤岛”变“群岛”

在解决产品可用性的基础上，技术厂商开始思考并着手解决产品的易用与好用问题。从易用性的角度看，越来越多的产品通过多版本、轻量化的方式提高用户的部署效率，并通过模块自定义、组件拖曳等设计来满足用户的个性化需求，以此方便用户使用。从好用性的角度来看，作为一类联通数据的工具，隐私计算产品如何跟业务场景结合、适配，如何连接更多数据，才是立足于需求推广市场应用的关键。

在“好用”环节上，有一个问题尤为关键，就是异构平台的互联互通。

目前，市场上已经出现了几十款产品，而且还有各类企业和机构均在研究和开发相关的平台产品。但是，不同隐私计算产品均有各自特定的算法原理和系统设计，产品之间是各自独立的，不能打通。也就是说，两个数据方只有在部署了相同产品的情况下，才能基于共同的平台实现数据合作。

以金融机构为代表，很多大型银行已经部署或开始试点各自的隐私计算平台。银行有诸多金融业务都需要依靠外部数据支撑其风险控制，这些外部数据需求可能包括征信机构提供的征信数据、同业其他金融机构的业务数据，以及运营商、互联网平台、电商平台等提供的替代数据等。因此，在技术应用的过程中，每家银行都要与多家不同机构进行数据合作。所以，银行用户在研究和部署隐私计算技术前均会确认一个问题，如果同自己合作的其他机构应用的隐私计算平台各不相同，要怎么办？

最简单的方法，肯定是为了满足合作需求，部署多套产品，在与不同机构合作时选择和应用对应的平台。但重复建设的方式未免带来巨大的成本和资源浪费，任何一家机构都不会选择这种方案。那么，为了避免部署多套产品造成重复建设，希望进行数据合作的几家机构之间只能约定使用相同的隐私计算平台。且不说不同机构间的数据合作可能存在的强势方和弱势方，在达成共识前，各方要付出很多沟通成本。如果合作机构之间都能够达成共识，约定好特定的平台，长此以往，市场就会衍生出一个个基于相同的隐私计算平台捆绑形成的小生态，几家单位约定使用同一套平台，平台间还是割裂的。隐私计算的天然使命是促进解决数据“孤岛”的问题，在这种情况下，数据孤岛就会逐渐演化为一个个新的“数据群岛”。也就是说，隐私计算为了解决一个问题催生出了另一个问题。

因此，越来越多的用户向技术提供商们提出支持异构平台互联互通的需求。但这一问题要比产品性能优化更加复杂而难以解决。

隐私计算技术原理本身就复杂，而异构隐私计算平台的互联互通不仅要能够实现复杂的隐私计算原理，保证平台原有功能的实现，还要提供足够的包容性，包括不同平台之间的复杂差异性。

我们来看看多方安全计算和联邦学习等以密码学为主的隐私计算技术产品的异构互联。首先，互联互通需要解决核心算法实现不同的问题。隐私计算最核心和关键的问题就是算法，但每个算法从设计到实现包含着多方面的因素，涉及诸多细节，先是从底层密码学协议上看，同一算法从密码学原理上可能有很多种不同的实现方案，不同的方案之间是无法兼容的；再是从算法设计上看，有的实现方案需要中间可信协调方的参与，而有的却不需要，这也无法协同；还有算法落地的工程优化方案，这也很多样，对于同一密码学协议下的相同算法，不同的设计者可以选择不同的加速器进行优化，依然没法同步。所以，基于不同平台的用户可以合作完成统一计算任务，就需要使得算法能够在不同的异构平台上兼容和适配。但既然是隐私计算提供者最核心的知识产权，大家必然不愿公开自己的算法设计，更别说互相迁就、互相妥协后达成共识。其次，互联互通还要包容各个平台在功能实现上的个性化和差异化。除了核心算法，一套完整的隐私计算平台还包含着诸如资源授权、任务管理、任务编排、流程调度等相关的控制管理功能，而且不同平台整体的系统架构也是结合各自的研发思路和应用侧重来设计实现的，跨平台任务的执行需要适应不同平台，这必然不是厂商能够在自己内部团队解决的问题。

因此，如何克服困难、包容差异，实现隐私计算的跨平台互联互通将成为下一阶段各家技术厂商需要合理畅想与探索解决的问题。

## 7.2 隐私计算的市场认知和信任尚未完善

隐私计算在技术圈话题火热，也着实引来了资本的关注和讨论，但对于广阔市场的用户来说，隐私计算还不够“大众”。即使很多机构用户开始听说或感知到隐私计算这个概念了，从整体上看，市场对于隐私计算的认知和理解依然没有完全迈过起步阶段。

### ➢ 技术推广应用仍需全面的市场教育

隐私计算技术复杂且常常呈现“黑盒化”现象，提高了用户对于技术的理解和信任门槛。但不得不说，隐私计算正值风口，我们可以听到和看到除金融政务互联网之外的很多企业都开始关注和布局隐私计算，但如果盲目跟风，就很可能会造成技术的误用和滥用。

很多技术厂商认为隐私计算已经迈过了市场普及的阶段，推广市场的时候不再需要一一科普隐私计算到底是什么，但这可能只是部分隐私计算技术应用先行者们的反馈。在面向传统领域的行业用户沟通中，我们依然会被问这样的问题：“隐私计算的‘隐私’跟个人隐私中的‘隐私’是一样的吗？”“用了隐私计算就是合规的吗？”“部署了隐私计算后我们就可以流通所有业务数据吗？”，显然很多用户还没有对隐私计算形成客观、全面的理解。

越来越多的政策文件出台强调了要促进隐私计算的研究攻关和部署应用。为了推广技术产品，部分技术厂商也会用一些夸张的修饰来凸显隐私计算在解决数据流通瓶颈中的重要价值。用户需要理性地认识到隐私计算确有价值，但应用场景和适用条件有限。

事实上，没有能够解决所有问题的技术。隐私计算只是通过转变原有的传统模式为跨机构的数据交互与合作提供新的路径，它只能加强数据流通过程中的安全性，但无法保障数据在流通前后的安全和合规。比如只要涉及数据的处理和使用，就要遵循现有的监管要求，隐私计算无法保障计算任务中输入数据的来源合规。而流通之后，隐私计算得到的结果仍然是数据，新产生的数据权属怎么清算？收益如何分配？这些问题隐私计算无法回答。

从 2020 年开始，隐私计算在国内开始出现了应用落地，在精准营销、联合风控、广告投放等场景中确实出现了一些典型的应用案例。很多传统行业的机构用户在风口之下也想尝试布局，但不是所有的数据合作都一定需要通过隐私计算的方式来保障安全与合规，也不是应用了隐私计算之后就能够确认数据流通活动的安全与合规。对于潜在的市场用户来说，还需要更加广泛而明确的市场教育，提升用户对隐私计算的理解和认知，避免盲目应用技术。

### ➢　技术本身的安全性挑战市场信任

从技术定位看，隐私计算的价值在于强化了不同参与方在进行数据流通时的数据安全。因此流通和安全是在讨论隐私计算时的两个核心要点，流通是基础，安全是底线。既然是实现数据安全流通的产品，那么产品本身的安全性就成了用户对技术建立信任的基础。

前面已经多次谈到隐私计算技术复杂，所以隐私计算产品的安全性也涉及多个方案，算法协议安全和开发应用安全就是两大挑战。

对于隐私计算来说，其核心的算法协议是没有绝对安全的。一方面，隐私计算产品的算法协议差异化较大，所以从原理上看就无法形成评价算法安全的统一基础。不同技术路线下隐私计算产品涉及的底层算法协议多种多样，各自的协议安全根基也不相同：多方安全计算、同态加密等密码学技术的安全机制依赖的是数学和密码学理论中相对严密的证明和推导；联邦学习等隐私机器学习类基础的安全机制依赖的是机器学习的理论和不同产品中用于强化安全所使用的具体工具；可信执行环境则依赖于硬件厂商的安全技术，提供这类方案的产品能否信任厂商提供的安全机制。另一方面，隐私计算中算法和协议设计都会以安全假设为基线。比如假定硬件提供商的可信性，假定计算参与方会遵循协议流程，假定多个参与方之间互不共谋，产品设计中也提到半诚实模型、恶意攻击模型等。但实际上这些假定并不一定成立，往往都需要通过博弈论、现实约束等方法进行加强。特别是目前讨论更多的还是半诚实模型，因为技术应用方主要目的是希望通过隐私计算来解决数据无法安全流通的问题，以数据的有效融合和应用为出发点。但当未来技术应用不断普及和拓展，隐私计算触及更多参与机构甚至C端用户的时候，也同样会出现合作方带着恶意目的，共谋窃取其中一方数据的场景。

隐私计算的生产开发同其他涉及数据处理的技术产品一样，在生产落地时仍然存在安全隐患，例如密码学算法通常遇到侧信道攻击、错误注入攻击，而硬件通常遇到侵入式攻击，或者类似其他信息系统遇到的恶意黑客攻击等，隐私计算产品的安全要求较高，其要求整个计算全过程安全，木桶效应会导致最薄弱的环节成为整个产品最易被攻击部分。

此外，部分隐私计算技术方案引入了第三方担任协调者，承担证书管理中心、通信与授权协调节点等功能角色以服务多方计算任务的执行，但任何第三方机构的介入都会引入不确定的风险因子，打破用户对隐私计算技术信任的完整性。

解决隐私计算技术产品安全信任的问题，需要一套评估产品安全性的完备机制，目前市场上还没有出现能够客观评估隐私计算产品安全的成熟方案。目前行业内有一些简单的形式化验证方案号称产品“安全评估”，但实际上，隐私计算涉及的隐私保护技术和算法非常多，算法复杂度、性能、优势场景等都不一样，想要通过统一的、直观的方法验证所用产品的安全性，至少还需要规范化、共识性的评估方法论配合特定的安全分析工具和检测手段才能实现。

## 7.3　隐私计算的应用合规性缺乏明确界定

我们在第 6 章用了整章篇幅来讨论隐私计算合规性的话题，可见，对于这样一种站在数据合规风口浪尖的技术来说，如何保障合规是能否推广技术成熟应用的关键。

### ➢　隐私计算合法合规的“红线”不明

近年来，强化数据安全与隐私合规成为各国强化监管的重要方向，隐私计算确实强化了流通过程中的数据安全，但技术是否能够满足强化后在数据方面的监管要求，还没有明确的定位。例如，现有法律规定“未经被收集者同意，网络运营者不得向他人提供个人信息”，而隐私计算的目标就是基于多方数据的计算，原则上破坏了这一要求，但同时又可能适用于“经过处理无法识别特定个人且不能复原”的例外条款。相关内容在技术合规的部分已经着重讨论过了，这里不再赘述。

总的来说，对于隐私计算这个处于落地应用初期的技术来说，需要在监管层面对技术的开发和应用划清“红线”以支撑应用。目前，我们只能确认各部委的相关政策还是认可隐私计算价值并鼓励应用的，但用户在应用隐私计算的同时依然需要确保商业模式的合法、输入数据来源的合规。对于技术厂商来说，依然需要在技术产品设计、业务流程设计等方面的规范；对于用户机构来说，依然需要在应用范围、应用流程和方式等方面的明确指引。

诚然，无论是隐私计算，还是人工智能、区块链、虚拟现实等技术，法律法规从来不会从整体上对技术给出是否合法的判断。因为法律法规倾向于通过技术应用的结果来确认是否侵害到了相关法律，所以不必期待法律明确指出“隐私计算应用合法”或“禁止应用隐私计算”等。

在实践中，无论是技术提供者，还是应用者，仍然期盼着相关监管机构可以通过相关指引或指导意见等方式对隐私计算的合规应用提供一定程度的实践参考。对比之下，欧盟网络安全局（ENISA）在《数据保护和隐私中网络安全措施的技术分析》中也将多方安全计算确定为适用于复杂数据共享场景的有效技术方案，特别是对于医疗和网络安全领域，相关机构也已依据 GDPR 的要求验证了某多方安全计算项目的合规性，虽然以上内容也没有明确纳入法律法规中。产业界仍然可以据此结合自身的业务场景形成对技术开发和应用的参考，但国内尚无相关监管机构对隐私计算的应用合规性给出“官方”意见，大家只能摸着石头过河。

目前，已有一些律师事务所面向隐私计算技术厂商们提供技术产品合规性评估的服务。这也应是一条有效的解决思路，因为对于法律法规实施环节来说，相关的专业评估评测结果可以证明技术的实践已得到一定程度的认可，必然是有正面意义的。但是，这类第三方的评估评测总是要限定在某种特定条件或特定环境下的，而技术应用是多样的，并且技术本身也会不断发展，因此，即便在当时技术的合规性受到了某些标准的认可，这种认可的有效程度也是短暂的。此外，我们目前还无法获知相关评估服务涉及的具体评估依据和方法细节。

### ➢ 隐私计算技术滥用缺乏监管

除了保护数据流通过程中的安全性，隐私计算“数据可用不可见”的特性可能带来技术滥用的风险，除了划清红线，展望未来，当隐私计算开始大规模普及应用之后，对于技术应用的监管机制也不可或缺。

一方面，数据流通和融合使用具有极强的负外部性，需要明确的评估和管控机制。负外部性是一个经济学概念，是指在无管制的状态下，个人或企业不必完全承担其行为带来的社会成本。借用业内专家的观点，数据流通的负外部性可以类比于化工企业把污水排放到河流中、烟民在公共场所抽烟等，对于一个“数据化工厂”来说，其原料就是数据，多种原料（数据）在一定的条件下（算法）产生化合反应（融合计算）的结果，有可能对他人、社会和国家造成危害或产生重大风险。这好比木炭、硝酸钾、硫黄，单个物质在常温下都是相对稳定的，不属于高危品。但是如果按照一定的比例把它们混合起来，那就是炸药，不得了！

对于数据来说，即使是有足够分散的特征，但当相关机构将足够多源的数据进行汇总后，仍然可以对某个个人的全貌特征或某项商业秘密进行很高程度的复原，这就是数据流通和融合带来的负外部性后果。因此，即使在隐私计算场景下，也仍然需要对多方数据融合使用的目的和方式进行管控。

另一方面，隐私计算“数据可用不可见”的特性可能为套用隐私计算之名的违规流通数据提供“洗白工具”。借用隐私计算的外壳，一些在黑市上存在的、被法律明确禁止的数据流通行为可以变通方式在“阳光”下进行。一些恶意的合谋的参与方，也可以利用隐私计算共同窃取盗用其他参与方的数据等。面对这些隐患，目前还没有形成隐私计算应用合规的监督机制。

以上均说明了，推广隐私计算技术的应用必须要建立在正确的引导和监管的基础上，不能得到广泛普及后再开始规范。即使对于隐私计算来说，技术提供方和应用方所处行业不同，技术本身也没有明确的监管机构和法规，但仍然需要通过标准规范、第三方评估等方式补足监管机制的缺失。

# 第 8 章　隐私计算的发展展望

站在数据要素化的背景之下，隐私计算必有可为。可以相信，随着大数据发展和应用的不断深入，市场各方对跨源、跨领域、跨用户的数据流通共享需求日益增长，隐私计算技术将得到更广泛的关注和迅速的发展。

但隐私计算究竟能走向何方？在本书的最后，我们尝试从技术发展、落地应用和产业格局等方面对隐私计算的未来发展进行展望。

## 8.1　多方协同强化研发，技术可用性将持续提升

➢　**算法优化和硬件加速将成为技术可用性提升的重要方向**

隐私计算普遍借助了密码学技术来实现多方协同计算，效率是影响其能否被广泛应用的一个重要因素。例如，隐私计算联合建模的耗时是传统集中式机器学习的数十倍，甚至数百倍以上，联合统计的耗时也是传统集中式明文计算的数百倍以上。因此，隐私计算平台在实际落地应用中需要关注性能的优化，提升可用性。

性能由算法协议、计算流程、系统架构、数据规模、软硬件环境、网络带宽等多种因素共同决定。相比于 20 世纪 80 年代的实验室理论验证阶段，隐私计算的现有性能水平已经有了较大提升，并且相关的性能优化工作仍在持续开展，众多技术专家分别从算法优化、硬件加速还有工程优化等方向入手继续突破原有的性能限制，我们可以期待技术的可用性将不断提升。

在算法优化层面，一些常用方式包括：算法加速，尽可能地降低子模块耦合度，对算法流程重新进行深度编排；通信加速，最大限度地减少节点间通信次数及通信量；代码加速，使用更底层的语言（例如 C/C++）来构建基础算子，通过调整字符串和循环体等方式来降低计算开销等。

在硬件加速层面，通过新的密码学技术和算法协议，结合硬件加速技术（如 GPU、FPGA、ASIC 加速）和专有算法实现硬件来加速计算量较大的环节和步骤，也能够有效提高性能。

此外，在工程化层面也需要进行大量的优化工作，例如做好计算流程的调度，数据的读取、加密、传输、计算、解密、存储等各个阶段实现最优化，进而将整体性能提升到最优状态，以满足高吞吐、低时延，以及某些特定场景的实时性要求。

- **开源协同降低开发门槛，加速隐私计算技术迭代**

技术开源已经成为一个较完整的生态环境，全面渗透到信息技术的各个领域。在基础软件市场，无论从底层的芯片设计，到操作系统、浏览器、数据库等基础软件，还是消息中间件、云计算、人工智能计算框架等工具，都涉及开源技术。微软、谷歌、脸书、腾讯、阿里巴巴、百度等全球知名巨头都在积极拥抱开源。

隐私计算作为保障跨机构数据安全合作的关键基础，国内外众多玩家都正在大力投入隐私计算开源生态的构建。虽然各个项目技术路线有所不同，但基于开源模式相互促进，相互监督，也会对隐私计算的实践应用起到较大的推进作用。

隐私计算的开源加快了产业内商业化项目的快速落地，国内很多有数据融合业务需求的企业可以参考开源项目，快速封装自己的隐私计算平台用于业务应用，省去了大量前期理论研究和可行性评估的时间成本。同时，开源的成本优势不仅体现在技术重用，降低开发门槛上，还体现在问题发现和修复敏捷性上，具有快速迭代的优势。比如 2017 年，腾讯安全平台部的 Tencent Blade Team 在研究谷歌开源的 TensorFlow 深度学习框架时，一连发现并报告了 TensorFlow 的 7 个安全漏洞，并促使谷歌团队及时修复，大大地缩短了漏洞的存在时长。

从目前的行业实践来看，很多专精型的独立技术提供方虽然长期在钻研闭源的底层框架，但也有逐步走向开源或部分开源的势头。主要原因除了上述优势，还在于开源也可以增强市场信任。虽然数据可用不可见，但是隐私计算依然触碰到了最机密的数据，而对于隐私计算的技术来说，开源无疑是一个展示技术透明、安全、可控的好方法，公开底层代码可以增强市场对产品的接受度。而在开源项目羽翼渐丰的过程中，越来越多的相关从业者会认可与接受项目中的技术原理和设计思路，开源框架在产业内的推广速度将迅速提高，其话语权和地位越来越强，相应产品在市场中的优势也就更大。

对于当前百花齐放的隐私计算来说，未来一段时间内很难完全由开源生态或闭源产品统一技术路线。但可以肯定的是，在巩固闭源的同时积极开源，推动形成既开放又独特的多元生态，将是隐私计算技术的未来发展趋势。

## 8.2 创新突破稳步向前，技术应用将不断拓展

### ➢ 应用场景将向传统场景探索拓展

技术和应用永远是相辅相成的。脱离了实际的产业应用，隐私计算也就成了无本之木。目前，隐私计算的应用场景仍集中在金融风控、互联网精准营销和智慧医疗等数据资源规模大、数据融合应用需求强的领域和场景中。随着新的数据保护相关的业务需求不断反馈和表达，隐私计算势必面向更多场景不断探索和落地。

前几年，隐私计算技术的普及和推广主要靠技术厂商们“赤脚打天下”，自行宣传推动，在宏观环境上缺乏打开市场需求的动力。自 2020 年以来，国内外、各部委、各地区的政策动向均在助推数据流通与数据保护的双向兼顾下向前发展。在行业发展的初期，各方面资源供给有限的条件下，技术的应用必然是先聚焦在某些特定行业，但随着相关应用在既有行业逐渐做深做透，其效果和影响也会逐步辐射到更多行业。如果行业内能够涌现更多经济作用强、社会效益高，又具备可复制性、可推广性的典型案例，逐步形成指导行业应用的实践指南，那么越来越多的行业企业也可以将隐私计算用起来。

产业推广需要多方力量共同合作。这要求政府和行业组织积极宣传和强化市场教育，要求技术服务商不断打磨自己的产品能力，也要求数据方和业务方形成对技术应用的良好意识和全面理解。特别是数据方和业务方的数据基础还需要进一步巩固。很多传统隐私计算的价值是以数据资源为基础发挥和释放出来的，目前国内仍有诸多产业的数字化程度较低，数据管理方式较为粗放，尚未建立成熟的数据管理

体系，甚至连业务的数据化都还没做到。随着国内监管机构逐步强化企业和机构在数据管理、数据安全治理等方面的宣传教育，在形成良好的数据基础之后，隐私计算有望向智慧能源、智能终端、智慧城市、工业互联网等更多领域拓展。

### ➢ 多元技术融合有望拓展应用边界

除了应用场景的拓展延伸，隐私计算领域的多元技术融合也有望拓展应用的边界。

一方面，隐私计算分支技术间的加速融合满足更多应用场景。在技术章节的内容中，我们介绍了隐私计算包含多种不同技术路线，而每条技术路线都有着独特的特点和优势，用户在选型时往往要结合自身业务的需求适配不同的技术路线。随着业务需求的多样变化和升级，技术之间的交叉融合也可以相互取长补短，获得更大的综合优势，适应更多的应用需求。以联邦学习为例，与多方安全计算融合能够满足对等网络无可信第三方的联合建模应用需求；与差分隐私融合能够增强对梯度参数的保护程度，防止中间梯度信息泄露；与可信执行环境融合能够提升隐私数据或模型的安全等级等。

另一方面，隐私计算与区块链等其他领域技术的融合可以拓展应用边界。隐私计算与区块链结合，共同作为数据流通基础设施的关键底座已成为很多业内专家的共识。同样基于分布式的技术理念，隐私计算和区块链相互独立，又天然互补，例如区块链可应用到隐私计算的各个环节，实现全闭环的安全和隐私服务：隐私计算各流程的操作和处理记录上链保存，可实现记录的防篡改；基于区块链解决数据共享参与者身份及数据可信问题，能够在一定程度上避免主观作恶、数据造假等问题；

区块链还非常适合建立隐私计算多边信任关系，例如使用联盟链来建立隐私计算群体激励机制，通过多个标准化智能合约为参与方提供可信服务。安全审计智能合约的引入，使得隐私计算在保护隐私数据的合规性方面更加容易验证，将合规监管变成一种服务。此外，隐私计算还可以进一步与大数据、云计算、边缘计算等技术更好融合。以边缘计算为例，在目前隐私计算的主要应用场景中，数据输入和计算均发生在机构服务器上，但就像谷歌积极推广基于 C 端用户的联合建模一样，隐私计算在基于边缘端、终端设备上的数据进行联合建模也是未来技术应用拓展的方向。在传统制造业领域，可以利用分布在不同生产设备上采集的监控数据，在数据不出本地的情况下，对工人是否安全生产进行监督管控；在城市安防领域，可以探索利用居民个人的智能设备汇集个人在边缘端产生的数据，对城市的路网情况、行人行为等进行监测预警。

## 8.3 市场竞争仍将持续，产业生态将不断完善

### ➢ 市场格局尚未形成，行业初期合作或将多于竞争

目前，国内隐私计算领域确已出现部分技术领先的优势企业，但行业整体并未形成清晰的竞争格局。无论是科技大厂、转型公司，还是初创企业，每一类行业玩家均有自己独特的优势，大厂有相对更完善的生态，转型公司大多掌握数据或用户基础，而初创公司保持中立性更易获得用户信任，大家都在根据自身的优势，制定合适的发展路线。

根据第 5 章的介绍，未来隐私计算行业发展可能向着寡头市场、互联互通、多

体系共存这三种格局进行演变。

不过，不论市场格局究竟如何演变，在行业发展的初期，企业间的合作探索都是多于竞争的。现阶段还需要发掘更多市场需求，把蛋糕做大，争取更多存量。在这个过程中，需要领先玩家们相互配合，共同完成更广泛、更全面的市场教育，以争取政策认可和扶持，推动相关标准规范体系的建设。

### ➢ 法规体系完善提供技术应用的顶层指导

我国在法律层面一直对数据隐私高度重视，早在 2016 年 11 月通过的《网络安全法》中，就强调了数据隐私的重要性。再到 2021 年 6 月正式通过的《数据安全法》，以及已经进行二次审议的《个人信息保护法（草案）》，以上最高位阶的法律构成了我国对于数据相关立法的顶层设计，相信未来，数据相关的法律体系必不会止步于此。

虽然立法不一定会直接点明隐私计算的合法地位，但我们仍然可以期待，随着数据相关立法体系的逐渐完善，技术应用的边界和方式将会更加明朗。作为数据安全与合规治理的顶层指导，数据相关法律体系的加速完善有助于行业整体更好地理解数据安全、数据合规的场景与需求，进而有利于将隐私计算技术实际落地与应用。

### ➢ 标准体系制定有望助力隐私计算应用落地

当前，国内外众多标准化组织已开始制定或发布以框架和功能为主的隐私计算相关技术标准。对于隐私计算来说，还需要在功能之上建立覆盖性能、安全、跨平台互联互通甚至应用合规性等多层次、多角度的标准规范体系。

对于性能标准来说，既不能脱离安全底线，又要结合明确具体的测试维度和场景，对不同的计算任务进行分类测试；对于安全标准来说，隐私计算的产品安全既要包含底层的协议安全、算法安全、密码安全，也要包含工程化后的系统安全、通信安全，涉及多个维度，因而安全标准的界定将更加复杂，结合不同的功能需求分级划定安全标准似乎是一个思路；而对于互联互通标准来说，实现跨平台的协同，不能要求所有产品同质化、统一化，相关的标准必须尊重各平台本身的设计思路和理念，在保证各隐私计算技术平台的独立性、完整性和安全性的基础上对实现互联互通的基础环节求同存异，虽然在跨平台互联互通上不同厂商的实践思路和进展不尽相同，但可以通过制定标准更快地凝聚力量，取得行业共识。

此外，对于隐私计算来说，光是针对技术产品的标准约束还不够，隐私计算平台承载的最终还是数据，数据本身的敏感程度，数据的应用方式与范围依然影响隐私计算技术价值的合理发挥。因此，对于隐私计算应用合规性的评估标准将是完善技术标准体系过程中不可缺少的一环。

面向未来，我们期待隐私计算产业健康、快速发展，为数据要素的价值释放、数据流通基础设施的构建发挥越来越大的作用！

# 反侵权盗版声明